U0166928

阿狸暖心孕期手账

孙晓燕　梦之城 主编

吉林科学技术出版社 | 梦之城 | ALI THE FOX

图书在版编目（C I P）数据

阿狸暖心孕期手账 / 孙晓燕，梦之城主编. -- 长春：吉林科学技术出版社，2021.7
ISBN 978-7-5578-8035-4

Ⅰ. ①阿… Ⅱ. ①孙… ②梦… Ⅲ. ①本册②妊娠期－妇幼保健－普及读物 Ⅳ. ①TS951.5②R715.3

中国版本图书馆CIP数据核字(2021)第087545号

阿狸暖心孕期手账
A LI NUANXIN YUNQI SHOUZHANG

主　　编　孙晓燕　梦之城
出 版 人　宛　霞
责任编辑　张　楠　朱　萌　冯　越
封面设计　长春市阴阳鱼文化传媒有限责任公司
插画设计　北京梦之城文化有限公司
制　　版　长春市阴阳鱼文化传媒有限责任公司
幅面尺寸　226 mm×240 mm
开　　本　12
字　　数　180 千字
印　　张　17
版　　次　2021年7月第1版
印　　次　2021年7月第1次印刷

出　　版　吉林科学技术出版社
发　　行　吉林科学技术出版社
地　　址　长春市福祉大路5788号出版大厦A座
邮　　编　130118
发行部电话/传真　0431-81629529　81629530　81629531
81629532　81629533　81629534
储运部电话　0431-86059116
编辑部电话　0431-81629518
印　　刷　吉林省吉广国际广告股份有限公司

书　　号　ISBN 978-7-5578-8035-4
定　　价　88.00元

前言

阿狸是一只可爱的红色小狐狸，温暖、顽皮，有一点孩子气。他的愿望是每天能吃到鸡肉卷，住在游乐场里，以及永远和家人、朋友在一起。

一个全新的小生命，在一个不经意的瞬间就来了，像一颗小小的种子，春天一到就开始发芽。

孕育这个生命的你，就像让这颗小种子健康成长的土地，给他养分，给他温暖，和他一起感受阳光……

可爱的阿狸会陪你度过小种子生根发芽的十个月，有了这只小狐狸的陪伴，相信你会感受到生活中的快乐与幸福，感受到作为母亲的喜悦。

目录

STEP 1 怀孕前的准备工作，你做好了吗 8

准备实施人生大计划——要宝宝，从现在开始锻炼身体，三餐定时定量，吃有营养的食物，不熬夜，多看书，努力给宝宝建造一个温暖、舒适的“小房子”。

STEP 2 怀孕第一个月 24

那条红线真的出现了，天啊！不敢相信自己的眼睛！这是真的吗？揉揉眼睛再看看，掐一下自己的脸蛋证明这不是在梦里！站在那里愣了一会儿，宝宝，欢迎你的到来。

STEP 3 怀孕第二个月 32

上个月才因为你的到来而欢喜，这个月就因为各种各样的情况而担忧：感冒、先兆性流产……伴随着担忧又出现了早孕反应。宝宝，妈妈一定加倍小心，守护你的健康。

怀孕第三个月

48

静静地开始体会身体和心理上一点一滴的神奇变化，也许早孕反应还没有结束，努力调整自己的状态，小生命很脆弱，需要非常细心的呵护。

怀孕第四个月

66

提心吊胆的前三个月终于过去了，一切走向了平稳，肚子也微微凸起，轻轻抚摸：宝宝，我是妈妈。

怀孕第五个月

84

肚子越来越大了，乳房也开始增大了，好神奇啊，以前梦想着乳房如果能大点儿就好了，现在梦想成真了。

目录

怀孕第六个月 102

辗转反侧，总是找不到舒服的睡姿，失眠成了最大的问题。越是着急想入睡，越是睡不着。医生说左侧位是最合适的睡姿，睡觉吧，我的宝贝。

怀孕第七个月 120

经历了从未有过的孕育痛苦，若把孕育生命看作一种感恩，这些痛苦也就不算什么了。亦如寒冷存在的意义，或许就是为了让你体会更温暖的事物。

怀孕第八个月 136

宝宝，你能听到外面的声音吗？流水潺潺，鸟鸣啾啾，妈妈非常珍惜与你在一起的每一分每一秒，虽然你还没有出生，妈妈也希望你能感受到这世间的美好。

STEP 10 怀孕第九个月 156

尿频、手肿、脚肿，连脸也水肿了，感觉自己像一块泡了水的海绵，身体里面都是水。但是胜利在望了，宝宝，和妈妈一起努力。

期待

STEP 11 怀孕第十个月 176

分娩的痛是世界上最珍贵的痛。得到满满祝福的小生命，蠕动的小手和小脚，吐吐舌头嘟嘟嘴，可爱的宝宝，我们见面吧。

STEP 12 宝宝出生啦 198

10个月的等待，10个月的盼望，你终于来了，襁褓里的你那么小，那么可爱，安静地在我的身边，一切都是那么值得，一切都是那么美好！

baby

1

怀孕前的准备工作，你做好了吗

多吃这些食物 有助于补充叶酸

栗子

『叶酸是什么』

叶酸是 B 族维生素的一种，是细胞生长和繁殖不可缺少的营养素。叶酸是一种水溶性维生素，是蛋白质和核酸合成的必需因子。

『每天应该摄取多少叶酸』

待孕妈妈应在怀孕前 3 个月开始每天补充 0.4 毫克叶酸。待孕妈妈应多吃新鲜的蔬菜、水果，在烹制食物时需要注意方法，避免过熟，尽可能减少叶酸流失。

『缺乏叶酸的危害』

待孕妈妈早期缺乏叶酸，是儿童先天性疾病发生的原因之一，有可能造成胎儿先天性神经管畸形，包括无脑儿及脊柱裂。待孕妈妈在怀孕前就开始补充叶酸，可以降低胎儿发生唇腭裂及神经管畸形的概率。孕中期、孕晚期缺乏叶酸，易发生胎盘早剥、妊娠期高血压疾病、巨幼细胞性贫血等情况，而胎儿易发生宫内发育迟缓、早产和出生低体重等问题，可影响胎儿的智力发育，还可使眼、口唇、腭、胃肠道、心血管、肾、骨骼等器官的畸形率增加。叶酸还是红细胞形成所必需的物质，怀孕期间身体对叶酸的需要量也因红细胞的迅速增多而大量增加。

告别烟酒

如果夫妻双方或一方经常吸烟、喝酒，都会影响精子和卵子健康发育，甚至导致精子和卵子异常；宝宝出生后，容易出现记忆障碍，从而影响正常发育和生活。

拒绝咖啡因

准备怀孕的女性不要过多食用含咖啡因的食品。咖啡因作为一种能够影响女性生理变化的物质，可以在一定程度上改变女性体内雌激素、孕激素的比例，从而间接抑制受精卵在子宫内的着床和发育。

贴上照片

美味的一餐：

选择健康食品

一般情况下，待孕妈妈在孕前3个月至半年，就要开始调理饮食，每天要摄入足量的优质蛋白质、维生素、无机盐、微量元素和适量脂肪，这些营养素是胎儿生长发育的物质基础。

孕前小心用药

待孕妈妈在怀孕前如果生病，应根据情况合理用药。有些药物对治病有利，对怀孕却极为不利。许多药物会影响精子与卵子的质量，甚至可导致胎儿畸形。用药问题必须引起待孕夫妇的警惕。

做孕前检查

孕前检查最好在怀孕前 3 ～ 6 个月进行。男性进行精液检查前通常需要禁欲 3 天，最好早点检查。女方的孕前检查时间最好是在月经干净后 3 ～ 7 天，期间最好不要同房。

男性需要做的检查项目

Date（日期）

检查项目	检查目的	检查方法
精液常规检查	主要目的是看精子质量是否达标	精液检查
泌尿生殖系统检查	查看是否患有泌尿生殖系统疾病	物理检查
性病排查	以防万一，尽快治疗	静脉血检查、尿道分泌物检查

女性需要做的检查项目

Date（日期）

检查项目	检查目的	检查方法
血常规	能够尽早发现某些血液系统疾病，例如贫血。如在检查中被明确诊断为贫血，应在饮食中摄取足够的铁和蛋白质，或者服用铁剂，待正常后再怀孕	静脉血检查
尿常规	尿常规检查有助于肾脏疾患的早期诊断。患肾脏病的人如果怀孕，会增加患妊娠期高血压疾病的概率。随着症状加重，有的人会出现流产或早产的情况，有的人则必须进行人工引产	尿液检查
传染病筛查	传染病筛查包括乙肝五项、艾滋病、梅毒，均为可母婴垂直传播疾病，一旦发现，要积极治疗	静脉血检查
胸部透视	胸部透视可以诊断出结核病等肺部疾病。这类疾病在怀孕后会使治疗用药受到限制，而且活动性的结核常会因为产后的劳累而加重，还有可能传染给宝宝	胸部 X 线检查

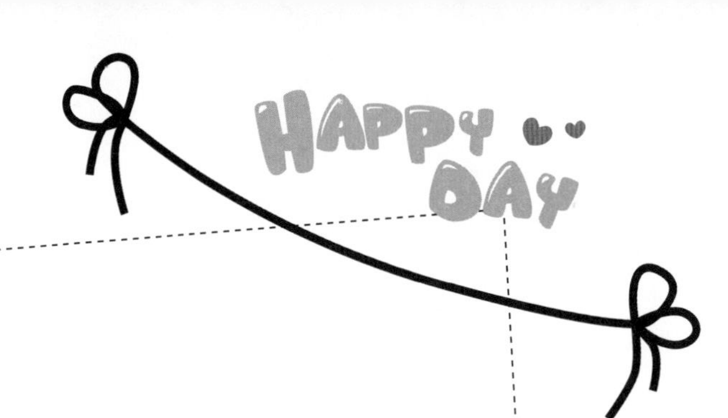

在这里贴上第一次孕检报告单

续表

检查项目	检查目的	检查方法
妇科内分泌全套	包括促卵泡激素、黄体生成素等六个项目，月经不调的女性需要检测，可以发现一些生殖器官的先天发育异常	静脉血检查
白带常规	通过白带常规筛查滴虫、真菌、支原体、衣原体感染，阴道炎症，以及淋病、梅毒等性传播疾病。如发现患有性传播疾病，最好先彻底治疗，然后再怀孕	阴道分泌物 宫颈涂片
优生四项（TORGH）	风疹病毒、弓形虫、巨细胞病毒、单纯疱疹病毒四项检查，可以预防流产及胎儿畸形	静脉血检查

保持健康心理

怀孕会使女性在体形、情绪、饮食、生活习惯、对丈夫的依赖性等诸多方面发生变化，所有这些变化都是生育一个健康宝宝必经的历程。所有想当妈妈的人都应以平和、自然的心态迎接小生命的到来。

学习怀孕知识

提前了解怀孕过程中会出现哪些生理现象，如早孕反应，胎动，晚期的水肿、腰腿痛等。当出现这些生理现象时，才能够正确对待，泰然处之，避免不必要的紧张和恐慌。

加强体育锻炼

通过运动增强体魄，以最好的身体状态安全度过整个孕期和分娩期，迎接宝宝的到来。

人生大事，从长计议

无论是正在盼望着怀孕，还是始终抱着顺其自然的想法，或是对可能发生的事情感到困惑、担忧、恐惧，甚至在还没来得及做任何准备时已经怀孕……无论是哪种情况，一旦怀孕成为事实，就愉快地接受它吧！

享受最后属于你的时光

小生命的诞生会使夫妻的二人世界从此变为三口之家，宝宝不仅要占据父母的生活空间和时间，而且还会占据夫妻各自在对方心中的位置。所以，最后的二人时光，也是孕妈妈与宝宝融为一体的短暂时光，好好享受吧！

PHOTO

我是爸爸:

身高:

年龄:

职业:

人生期许:

当我知道成为父亲时

我是妈妈：

身高：

年龄：

职业：

人生期许：

PHOTO

当我知道成为母亲时

我们的恋爱

照片的故事

_____年____月____日我们相遇

_____年____月____日我们恋爱了

我们的婚礼

用彼此的指纹印证这段不渝的爱情

_____年____月____日

我们在______________

举行了婚礼

正式备孕期

开始正式备孕啦，爸爸妈妈都要做好准备，从现在开始就要为宝宝着想了。

下面是三个月的日历表格，可以记录身体状况和同房时间等（具体日期以开始备孕当月为准）。

备孕第一个月

				1	2	3
4	5	6	7	8	9	10
11	12	13	14	15	16	17
18	19	20	21	22	23	24
25	26	27	28	29	30	31

备孕第二个月

				1	2	3
4	5	6	7	8	9	10
11	12	13	14	15	16	17
18	19	20	21	22	23	24
25	26	27	28	29	30	31

备孕第三个月

				1	2	3
4	5	6	7	8	9	10
11	12	13	14	15	16	17
18	19	20	21	22	23	24
25	26	27	28	29	30	31

怀孕啦，欢迎可爱的你

贴上第一次 B 超检查单

为 10 个月后即将出生的宝宝写下寄语。

亲爱的宝宝：____________________

Little
Child

怀孕第一个月

我的预产期

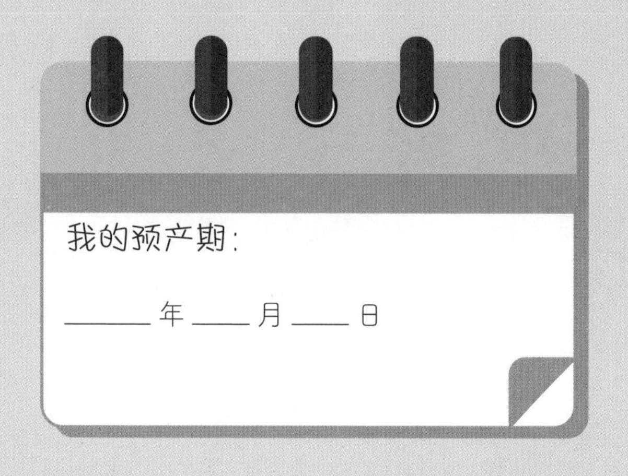

算算
预产期

预产期的计算方法

月经规律的孕妈妈，末次月经时间的月份加 9 或减 3，日数加 7，例如末次月经为 2021 年 7 月 10 日，月份减 3，日数加 7，预产期为 2022 年 4 月 17 日。用农历计算，则月份减 3 或加 9，日数加 15。月经不规律的孕妈妈，预产期的计算需要在医生的帮助下根据早孕超声结果结合血液检查结果推算。

为宝宝建立小档案

姓名：＿＿＿＿＿＿＿＿

想对你说：

是你，
让我看到了这世界更美丽的一面。
你是天使，
你是精灵，
从此以后，
和你一起感受温暖的每一天……

超重
BMI 值≥ 25

孕期体重管理

已经有宝宝了，你了解自己的体重吗？如果你的体重在标准范围内，要继续保持。如果低于或高于标准体重的 15%～20%，你就要注意啦！

『BMI 值计算公式』

BMI 指数（身体质量指数，简称体重指数），是目前国际上常用的衡量人体胖瘦程度以及是否健康的一个标准。

消瘦
BMI 值≤ 18.5

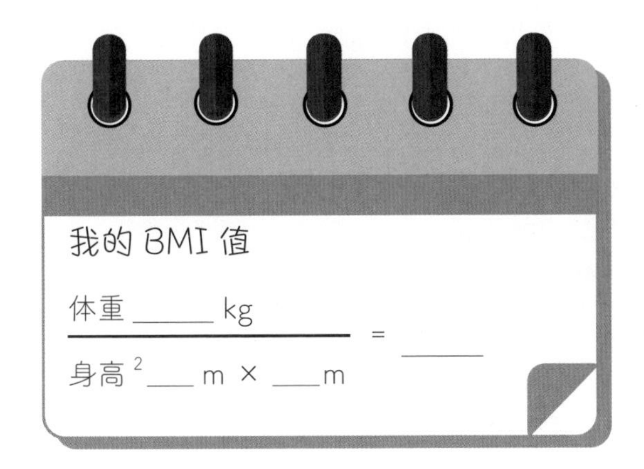

『记录孕期的体重』

第 1 周	第 2 周	第 3 周	第 4 周	第 5 周	第 6 周	第 7 周	第 8 周
kg	kg	kg	kg	kg	kg	kg	kg
第 9 周	第 10 周	第 11 周	第 12 周	第 13 周	第 14 周	第 15 周	第 16 周
kg	kg	kg	kg	kg	kg	kg	kg
第 17 周	第 18 周	第 19 周	第 20 周	第 21 周	第 22 周	第 23 周	第 24 周
kg	kg	kg	kg	kg	kg	kg	kg
第 25 周	第 26 周	第 27 周	第 28 周	第 29 周	第 30 周	第 31 周	第 32 周
kg	kg	kg	kg	kg	kg	kg	kg
第 33 周	第 34 周	第 35 周	第 36 周	第 37 周	第 38 周	第 39 周	第 40 周
kg	kg	kg	kg	kg	kg	kg	kg

孕期生活守则

『避免与宠物接触』

孕妈妈要尽量避免与宠物接触，主要是要避免感染弓形虫病，这种感染可致流产、畸胎。建议将宠物及其用具全部移除，家中消毒。

『控制工作强度』

孕妈妈每天站立时间不应超过 3 个小时；在工厂里工作，应避免操控剧烈震动或需要用力的机器；避免强度较大的体力劳动；避免在噪声或高温等环境中工作。如果需要整天在电脑前工作，可以适当站起来活动一下，做颈部、手臂、肩膀及下肢的运动。

『进行户外活动』

每天上午 10 点左右和下午 3 点左右室外空气质量较好，孕妈妈应在此时间段外出活动 30 ～ 60 分钟。尽量不要到人员密集、空气不易流通的环境中。

『远离影响怀孕的化妆品』

孕妈妈把化妆品暂时放在一边，留下简单的护肤品。尽量避免使用祛斑霜、粉底霜等化妆品，因为这类化妆品中含有大量的重金属，过量的重金属进入母体后，会对胎儿造成一定的危害。染发剂也会引起细胞染色体的畸变，从而诱发皮肤癌、乳腺癌和胎儿畸形。化学冷烫精会影响胎儿正常的生长发育，尽量不要烫头发。

『睡眠充足』

孕期需要比平常增加睡眠时间，每天保证 8 ～ 10 个小时的睡眠时间。最好在晚上 9 点多入睡，睡前喝一杯热牛奶，睡前 4 ～ 6 个小时避免情绪兴奋。最好每天中午再睡 1 ～ 2 个小时。

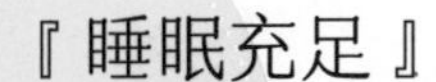

STEP 3

怀孕第二个月

本月日常生活表

第 5 周	天气	心情记录
1 日		
2 日		
3 日		
4 日		
5 日		
6 日		
7 日		

第 6 周	天气	心情记录
1 日		
2 日		
3 日		
4 日		
5 日		
6 日		
7 日		

第 7 周	天气	心情记录
1 日		
2 日		
3 日		
4 日		
5 日		
6 日		
7 日		

第 8 周	天气	心情记录
1 日		
2 日		
3 日		
4 日		
5 日		
6 日		
7 日		

妈咪的变化

『怀孕第五周』

绝大部分孕妈妈没有怀孕的主观感觉。孕妈妈可能会有轻微的不适感，可能出现类似感冒的症状，如周身乏力、发热或发冷、困倦、嗜睡、不易醒，有时会感到疲劳等。这意味着马上就要进入一个丰富多彩的孕期生活了。

『怀孕第六周』

体重会增加 400 ～ 750 克。子宫略为增大，如鸡蛋般大小，子宫质地变软。这期间孕妈妈的心理变化和生理变化交织在一起，形成了孕妇特有的行为心理反应。体内除了雌性激素发生改变外，肾上腺激素分泌亢进，这可能会使孕妈妈心理比较紧张。

『怀孕第七周』

生命的种子已种植在身体内，由于激素的作用，孕妈妈可能觉得身体有了一种异样的充实感，同时也开始变得慵懒，从心里厌倦多说话，不愿做家务，只希望静静地待在家里。需要提醒孕妈妈，此时最好不要外出旅行，过量的运动容易引发流产。

『怀孕第八周』

在本周内，胚胎开始有了第一个动作，遗憾的是孕妈妈感觉不到。现在孕妈妈情绪波动很大，有时会很烦躁，但必须注意，怀孕 6 ～ 10 周是胚胎腭部发育的关键时期，如果孕妈妈的情绪过分不安，会影响胚胎的发育并导致腭裂或唇裂。在怀孕 3 个月之内，孕妈妈一定要坚持补充叶酸和微量元素。

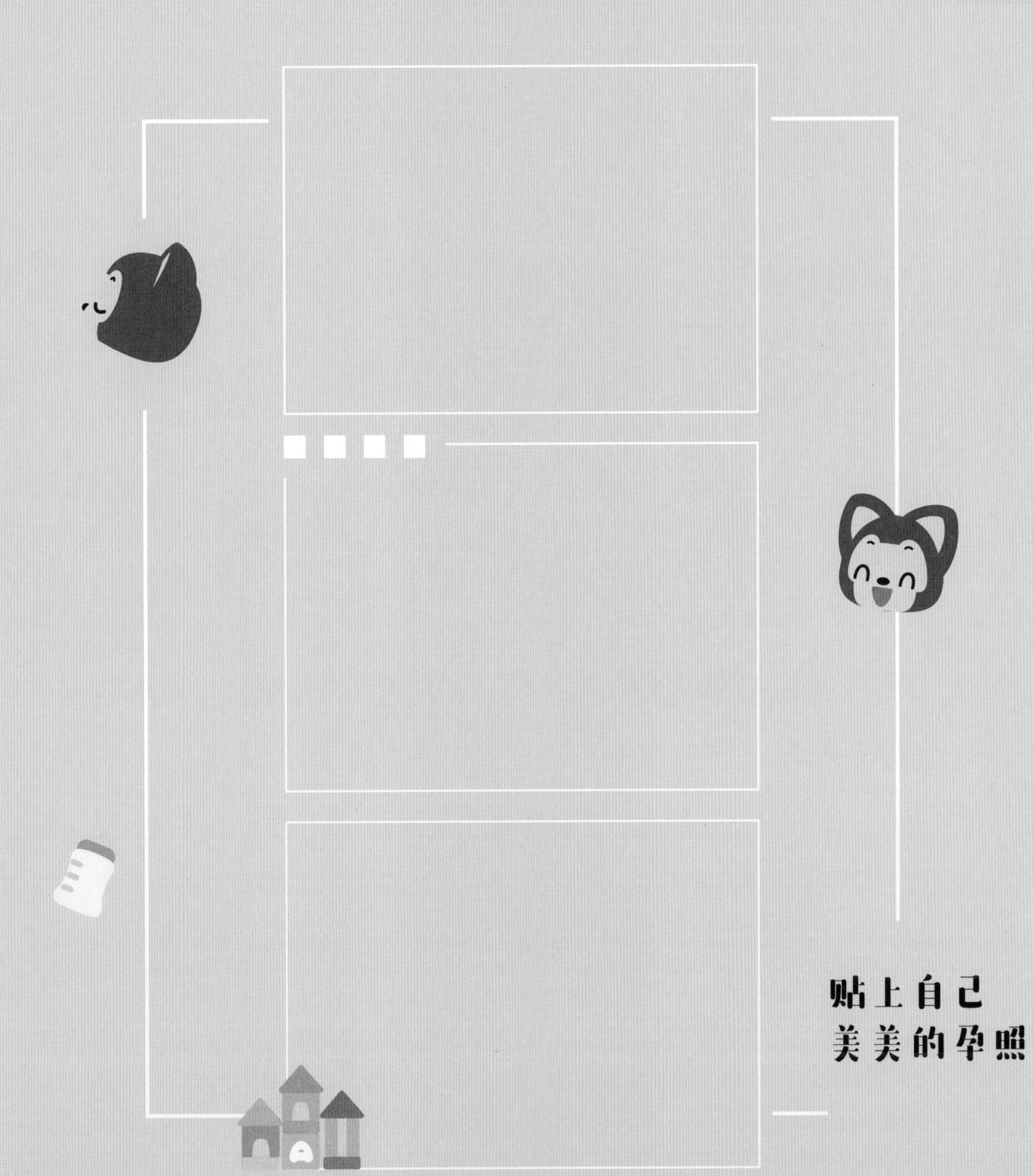

贴上自己
美美的孕照

胚胎的变化

『怀孕第五周』

从形状上看，胚胎可以分为身躯和头部两部分。胚胎背面有一块颜色较深的部分，这部分将发展成为脊髓，手脚像植物发芽一样伸展开来，神经管两侧出现凸起，在今后将发展为脊柱、肋骨和肌肉。虽然超声波无法听到胎心音，但毋庸置疑，心脏已经开始跳动了。

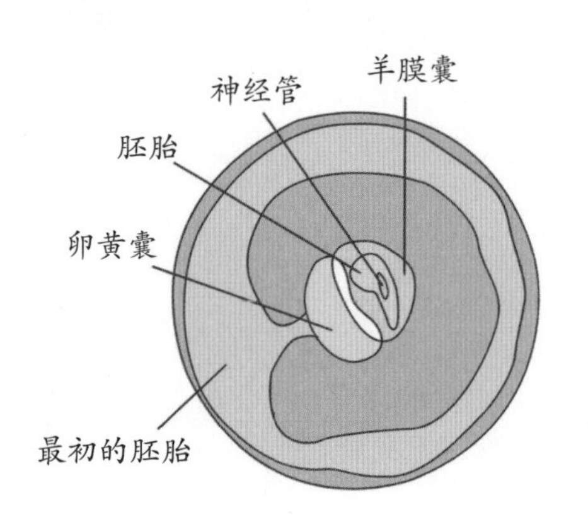

『怀孕第六周』

胚胎的生长发育已由分化前期进入分化期，即受精后的 15 ～ 56 天是胚胎器官的高度分化和形成期，在三胚层中，每一个胚层都分化为不同的组织。此时，胚胎长约 0.6 厘米，重量为 2 ～ 3 克，如果仔细观察，头和躯干已经能分辨清楚了，长长的尾巴逐渐缩短。

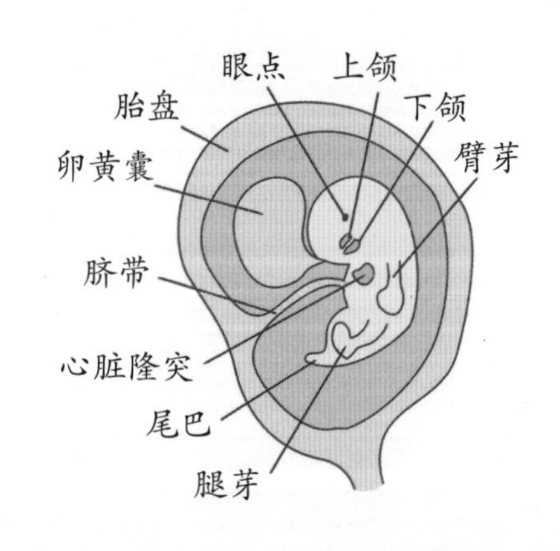

『怀孕第七周』

能很清楚地看到小黑点一样的眼睛和鼻孔，胎头将移动到脊柱上面，已能分辨出手和肩膀；心脏明显地划分为左心室和右心室，心脏以每分钟 150 次的速度快速跳动；腹部生成了即将形成肝脏的凸起，胃和肠初显雏形，同时形成了盲肠和胰腺。

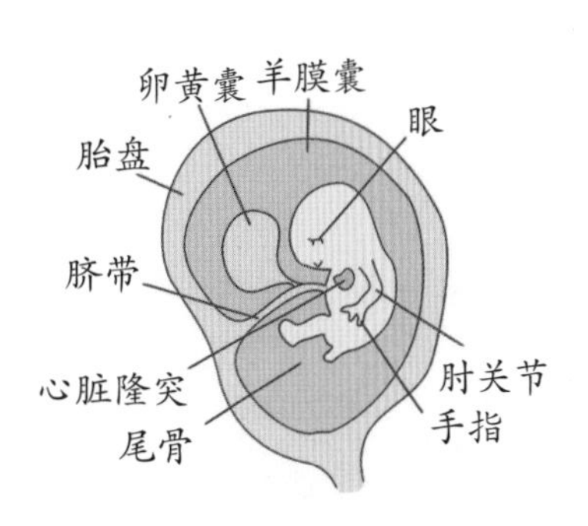

『怀孕第八周』

胚胎像一颗豆子，大约有 1.4 厘米长。现在胚胎已经有了一个与身体不成比例的大头。面部器官十分明显，眼睛就像两个明显的黑点，鼻孔大开着，耳朵有些凹陷。当然，眼睛还分别长在侧面。手脚已经分明，大体上呈现出人形了。

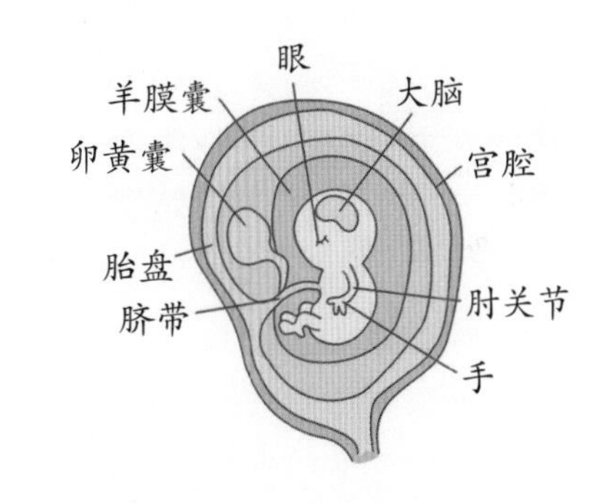

孕期生活守则

『出行安全』

孕2月是胎盘的不稳定期，很容易发生流产，孕妈妈一定要注意。出门时尽量避开交通高峰时段。如果孕妈妈是有车一族，在这个阶段还是让准爸爸当“免费司机”吧！

『禁止性生活』

从孕5周开始到孕12周以前，孕妈妈一定要避免性生活，特别是有习惯性流产史者，更应绝对禁止。这时胚胎和胎盘正处在形成时期，胎盘尚未发育完全，是流产的高发期。如果此时受性活动的刺激，易引起子宫收缩，加上精液中含有前列腺素，更容易对孕妈妈的产道形成刺激，使子宫发生强烈收缩，从而导致流产。

『避免冷水刺激』

孕妈妈在洗衣、淘米、洗菜时不要将手直接浸入冷水中，寒冷刺激易诱发流产。如果厨房没有热水，最好准备几副橡胶手套。

『不宜多用洗涤剂』

在孕早期，如果孕妈妈过多使用洗发精、洗洁精等洗涤剂，这些洗涤剂里的某些成分会被皮肤吸收，贮存在体内，使受精卵外层细胞膜变性，引发流产。如果经常使用洗涤剂，吸收达到一定浓度时，在受精 48 小时后，会导致受精卵细胞变性死亡。

『避免观看刺激性节目』

不要观看恐怖电影或带有大量暴力场景的电视剧，孕妈妈心理及精神上的压力和刺激会影响到胚胎的发育。孕 2 月又是胚胎发育的关键时期，所以孕妈妈一定要避免过度的精神刺激。

面朝大海，春暖花开

海子

从明天起，做一个幸福的人
喂马、劈柴、周游世界
从明天起，关心粮食和蔬菜
我有一所房子，面朝大海，春暖花开
从明天起，和每一个亲人通信
告诉他们我的幸福
那幸福的闪电告诉我的
我将告诉每一个人
给每一条河每一座山取一个温暖的名字
陌生人，我也为你祝福
愿你有一个灿烂的前程
愿你有情人终成眷属
愿你在尘世获得幸福
我只愿面朝大海，春暖花开

《面朝大海，春暖花开》是海子的抒情名篇，写于 1989 年 1 月 13 日。这首诗歌以朴素明朗而又隽永清新的语言，拟想了尘世新鲜可爱、充满生机活力的幸福生活，表达了诗人真诚善良的祈愿，愿每一个陌生人在尘世中获得幸福。"告诉他们我的幸福"，"告诉"意味着沟通，和人们交流、讨论关于幸福的感受和体验，我们所能感受到的"幸福"往往是一瞬间，如同闪电一般的短暂；而就在"幸福"的那个瞬间，那种感受如同闪电直击心灵，带来巨大的冲击。

宝宝，我此刻最大的心愿
就是和你去看海

本月孕期营养

1

『补充蛋白质』

蛋白质每天的供给量以 80 克左右为宜。怀孕两个月，对于蛋白质的摄入，不必刻意追求数量，但要注意保证质量。今天想吃就多吃一点儿，明天不想吃就少吃一点儿，顺其自然就好。

2

『补充脂肪和糖类』

怀孕两个月，如果实在不愿意吃脂肪类食物，就不必勉强自己，人体可以动用自身储备的脂肪。此外，豆类食品、蛋类、奶类也可以补充少量脂肪。

3

『继续补充叶酸』

孕 2 月是胎儿脑神经发育的关键时期，脑细胞增殖迅速，最易受到致畸因素的影响。叶酸是胎儿神经发育的关键营养素，在此关键期补充叶酸，可使胎儿患神经管畸形的风险性减小。孕妈妈每天补充 0.4 ～ 0.8 毫克叶酸才能满足胎儿生长需求和自身需要。

1

『浓茶』

怀孕后，一定不能多喝茶。因为茶叶中含有大量的鞣酸，它可以和食物中的铁元素结合成一种不能被机体吸收的复合物。孕妈妈若过多地喝茶，就有导致贫血的可能。对于孕妈妈来说，白天喝一两杯淡淡的绿茶并无大碍，但切记晚上不能饮用浓茶，以防引发失眠。

2

『可乐』

可乐是碳酸类饮料，孕妈妈常饮可乐容易造成骨质疏松。此外，可乐中含有的咖啡因很容易通过胎盘进入胎儿体内，对胎儿的大脑、心脏等器官造成伤害。可乐还含有大量的蔗糖，若孕妈妈吸收过多的蔗糖，还易导致妊娠期糖尿病。

3

『酒』

酒精会使胎儿发育缓慢、智力低下、性格异常，并且造成某些器官的畸形。饮酒较多的孕妈妈生产出的新生儿有 1/3 以上的可能性会存在不同程度的缺陷，如脸蛋扁平、鼻沟模糊、指趾短小，甚至发生内脏畸形和先天性心脏病。在妊娠的前 3 个月，酒精对胎儿的影响会更大。因此，孕妈妈不应饮酒。

不宜吃的食物

妈咪的心情日记

年　月　日	
	℃

STEP 4 怀孕第三个月

本月日常生活表

第9周	天气	心情记录
1日		
2日		
3日		
4日		
5日		
6日		
7日		

第10周	天气	心情记录
1日		
2日		
3日		
4日		
5日		
6日		
7日		

第 11 周	天气	心情记录
1 日		
2 日		
3 日		
4 日		
5 日		
6 日		
7 日		

第 12 周	天气	心情记录
1 日		
2 日		
3 日		
4 日		
5 日		
6 日		
7 日		

孕三月产检

产检的准备

1	身份证	□
2	围生期保健手册	□
3	医疗保险手册	□
4	相关费用	□

首次产检

Date(日期)

年龄		职业		预产期	
阴道检查		月经史		孕产史	
手术史		家族病史		丈夫健康状况	

常规产检

Date(日期)

身高		体重		血压	
宫高		腹围		胎心	
心电图		尿常规		血常规	

特殊产检

Date(日期)

颈后透明带扫描（NT）	□

给你照相，咔嚓！

贴上本月B超检查单

妈咪的变化

『怀孕第九周』

由于子宫在迅速扩张，孕妈妈可能第一次有腹部疼痛的感觉，这种情况在许多孕妈妈身上都曾发生过。这时可能因为恶心和呕吐的原因不愿吃东西，在早孕反应很强烈时，要尽量找些自己想吃的东西。

『怀孕第十周』

孕妈妈的形象开始发生改变，乳房增大，需要更换大码的内衣，腰围也开始变大。此时孕妈妈的食欲可能突然改变，从前一直爱吃的东西却不爱吃了，一直不想吃的东西倒想尝一尝。鼻子变得敏感，有时会对平时没有任何反应的气味产生一阵阵的恶心，尤其以早晨起床时最为严重。

『怀孕第十一周』

这周孕妈妈可能会发现在腹部有一条深色的竖线，这是妊娠纹，也许面部也会出现褐色的斑块，不必太担心，这些都是怀孕的特征，随着分娩的结束，斑块会逐渐变淡或消失。

『怀孕第十二周』

身体会有明显变化，阴道内乳白色的分泌物明显增多，乳房进一步增大、胀痛，乳晕、乳头出现色素沉着。同时小便频繁，腰部有压迫感。这个时期最容易发生流产，所以，孕妈妈做任何事情都必须量力而行，并要避免精神过度紧张，预防感冒及其他传染病。

本月最美孕照

胎儿的变化

『怀孕第九周』

从本周开始可以真正叫做胎儿了，胎儿大约有 2.2 厘米长，手指和脚趾间看上去有少量的蹼状物。器官特征开始明显，各个不同的器官开始发育，牙床和腭开始发育，耳朵也在继续成形，皮肤像纸一样薄，血管清晰可见。

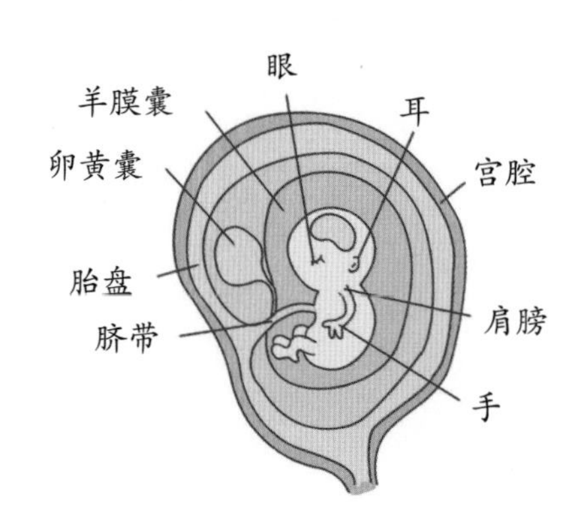

『怀孕第十周』

现在所有的器官、肌肉、神经都开始工作了。牙齿的原基已经出现，神经管鼓起，大脑在迅速发育，垂体和听觉神经也开始发育。虽然仅从外表上还分不出性别，然而内、外生殖器官的原基已能辨认。手部从手腕开始变得稍微有些弯曲，双脚开始摆脱蹼状的外表，眼帘已能覆盖住眼睛。

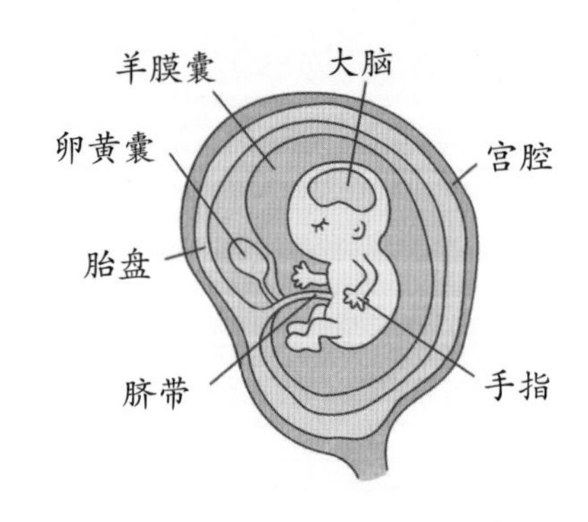

『怀孕第十一周』

本周胎儿会达到 6 厘米，形状和大小像一个扁豆荚。胚胎重约 10 克，眼睑开始黏合在一起，直到27周以后才能完全睁开。手腕已经成形，脚踝发育完成，手指和脚趾清晰可见，手臂更长而且肘部变得更加弯曲。耳朵的发育已经完成，生殖器官开始发育，胎盘已经很成熟，可以开始工作了。

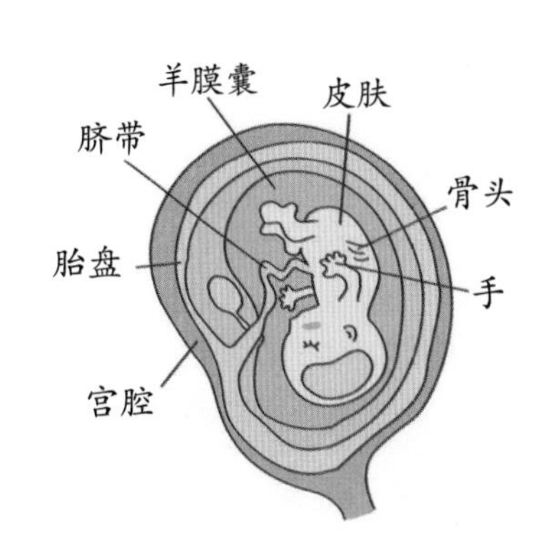

『怀孕第十二周』

本周胎儿身长达 9 厘米，体重达到 14 克。尾巴消失了，躯干和腿都长大了，头部长出鼻子、嘴唇、牙根。胎儿开始出现吸吮、吞咽和踢腿的动作。此时胎儿的细微之处已经开始发育，手指甲和绒毛状的头发开始出现。本周已能够清晰地看到胎儿脊柱的轮廓，脊柱神经开始生长。

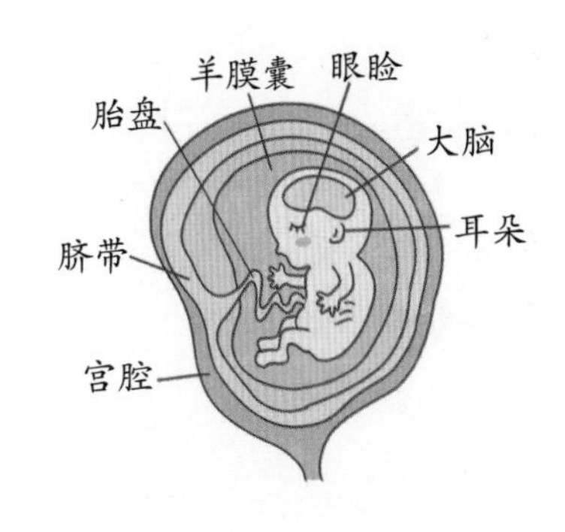

孕期生活守则

『日常生活应注意』

这个月，孕妈妈的阴道分泌物有所增多，应注意外阴清洁，每天用清水擦洗，保持局部卫生。这个月容易发生流产，因此，日常生活中不要劳累过度，防止腹部受到压迫。即便早孕反应较少，也不要逞强去做剧烈的体育活动。这个时候是胎儿最易致畸的时期，孕妈妈谨防各种病毒和化学毒物的侵害。如果胃口不好，要吃得精，饮食上要清淡、爽口，多吃蛋白质含量丰富的食物及新鲜水果、蔬菜等。如果呕吐严重，要去医院检查，可以采用输液治疗。

『不要穿紧绷的衣服』

孕 3 月不要穿腰部紧绷的裙子，也不能像平常一样穿牛仔裤。怀孕并非普通发胖，而是腹中的胎儿在不断地成长。绝对不要勉强穿着过紧的衣服。压迫腹部会导致孕妈妈下半身水肿，甚至影响胎儿的发育。

『呼吸新鲜空气，经常晒太阳』

经常开窗通风，以保持室内空气新鲜，但应避免吹风。孕妈妈还应经常晒太阳，以利于身体对钙、磷等重要元素的吸收和利用。天气好时，可到室外多走动，接触阳光。

『不宜进行性生活』

孕期前 3 个月，胎盘还没有分泌出足够的孕激素，胚胎组织附着在子宫壁上还不够牢固，若在此期间进行性生活，可引起盆腔充血、机械性创伤或子宫收缩而诱发流产。

『口腔卫生很重要』

孕妈妈如果有口腔疾病，不仅容易引起并发症，还会影响胎儿发育，为了自己和胎儿的健康，请孕妈妈注意口腔护理。

芳香胎教：聆听大自然的呼吸

此时孕妈妈的情绪波动没有前几周大了，身体也逐渐适应了怀孕状态，可以抓住这个时机让胎儿多接触大自然的声音和味道，做一下芳香胎教。芳香能给人一种良好的感受，使人心情松弛，情绪高涨，增强听觉与嗅觉及思维的灵敏度。孕妈妈可以在大自然中，一边散步，一边进行芳香胎教。

芳香胎教无处不在，每当你闻到香味，深吸一口气，把这种嗅觉快乐带给胎儿，这就是芳香胎教。但是某些香味太浓郁，甚至有微毒的花香，并不适宜用来进行芳香胎教，比如夹竹桃和水仙的香味。

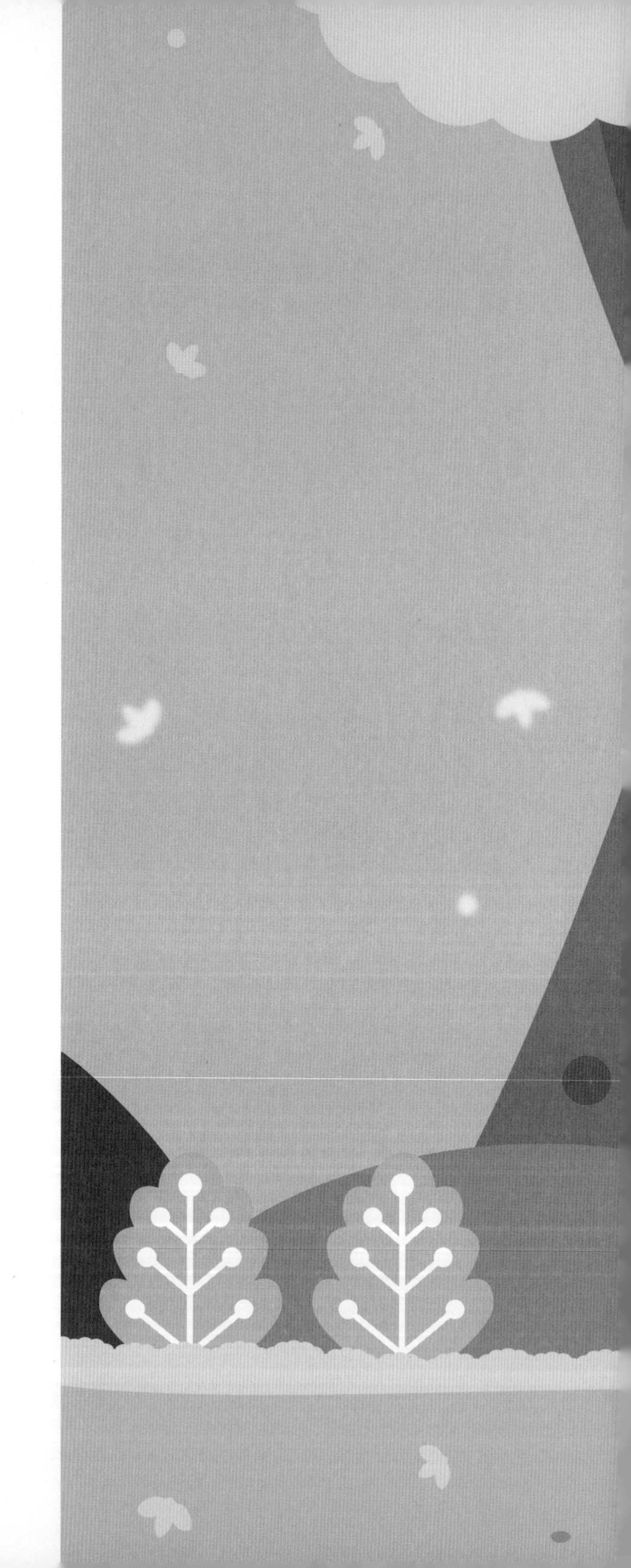

本月孕期营养

1

『保证蛋白质的摄入』

孕3月要尽量保证蛋白质的摄入量，可以多方面摄入，植物蛋白质和动物质蛋白质都可以。

2

『不要忽视维生素』

在妊娠早期如果缺乏维生素A、B族维生素、维生素C、维生素D、维生素E，可引起流产和死胎。所以不要忽视维生素的摄入。

3

『补充叶酸仍是重点』

孕3月仍然是胎儿脑发育的重要阶段，所以要继续补充叶酸，以降低胎儿神经管缺陷的发生率。

由于天然的叶酸极不稳定，容易受光照、温度的影响而发生氧化，长时间烹调也会将其破坏，因此人体真正能从食物中获得的叶酸并不多。可以补充叶酸片制剂，直到这个月结束。

1

『吃点粗粮』

孕3月容易发生便秘，应多摄取膳食纤维含量较丰富的粗粮和蔬菜，如红薯、芹菜等。膳食纤维主要存在于蔬果类、豆类、全谷类和菌类中。

『选择自己喜欢的食物』

孕妈妈应尽可能选择自己喜欢的食物，不必刻意多吃或少吃。若妊娠反应严重，影响正常进食，可在医生建议下适当补充复合维生素片。同时，为保证蛋白质的摄入量，在有胃口的时候多补充些奶类、蛋类、豆类食物。孕吐严重的孕妈妈，如果食欲不佳，尽量选择自己想吃的食物。

吃什么，怎么吃

妈咪的心情日记

年　月　日	
	℃

GOOD NIGHT

怀孕第四个月

本月日常生活表

第 13 周	天气	心情记录
1 日		
2 日		
3 日		
4 日		
5 日		
6 日		
7 日		

第 14 周	天气	心情记录
1 日		
2 日		
3 日		
4 日		
5 日		
6 日		
7 日		

第 15 周	天气	心情记录
1 日		
2 日		
3 日		
4 日		
5 日		
6 日		
7 日		

第 16 周	天气	心情记录
1 日		
2 日		
3 日		
4 日		
5 日		
6 日		
7 日		

孕四月产检

『唐氏综合征筛查』

唐氏综合征是一种偶发性疾病，每一个孕妈妈都有可能生出“唐氏儿”。因此，孕期进行唐氏筛查非常必要。

『什么是唐氏综合征』

唐氏综合征又叫做21-三体综合征，是最为常见的由常染色体畸变所导致的出生缺陷类疾病。唐氏综合征患儿表现为智能障碍，生活不能自理，语言、体格发育落后和特殊面容，并可伴有多发畸形及复杂的疾病，如心脏病、传染性疾病等。

『检查时的注意事项』

采用抽血的方式进行唐氏筛查，不需要空腹。唐氏筛查与月经周期、体重、身高、准确孕周、胎龄大小都有关。孕妈妈不要忘记和自己的孕检医生约好检查时间。一般抽血后1周内即可拿到检查结果。

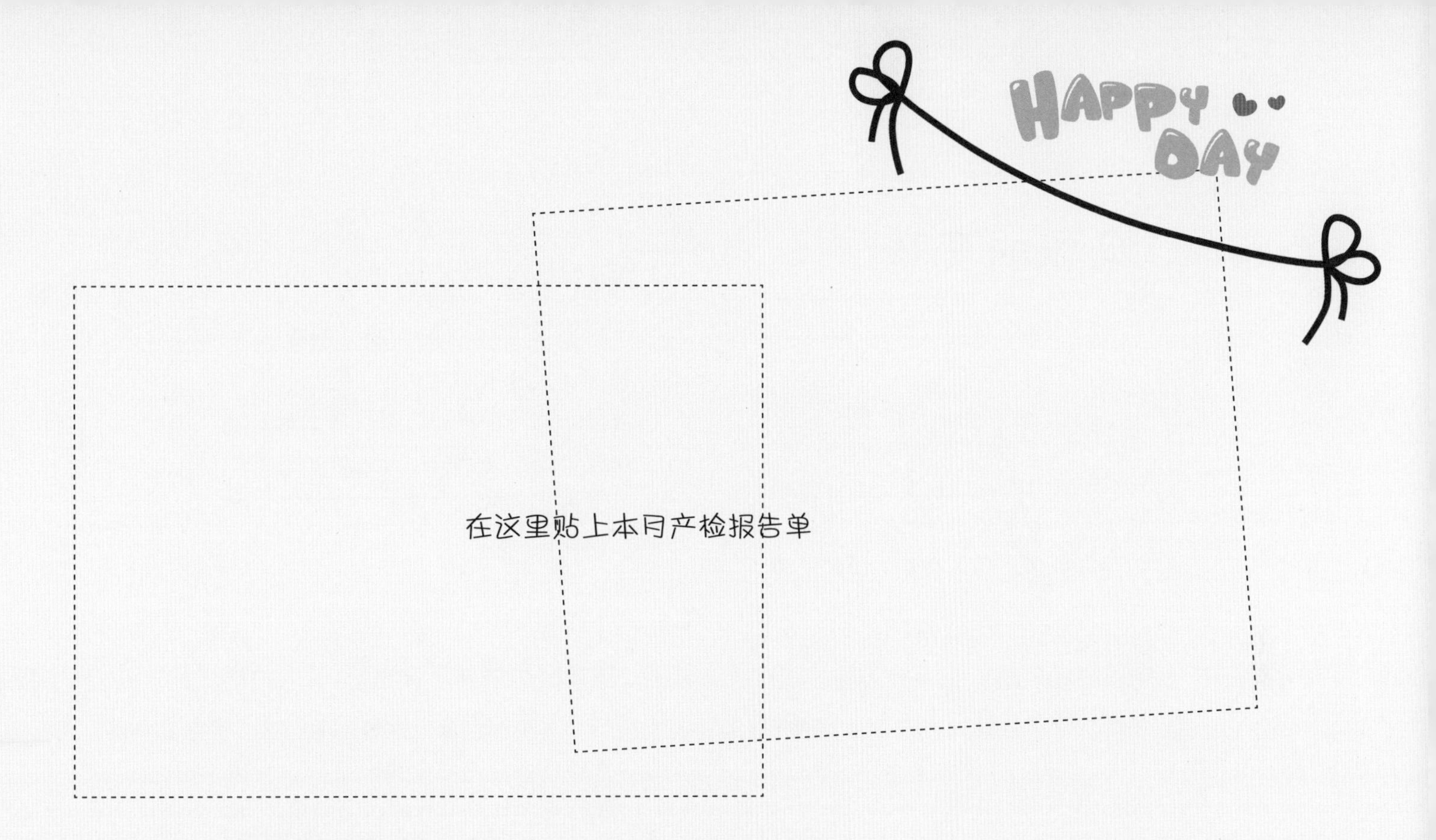

『解读唐氏筛查报告』

AFP（甲胎蛋白）：AFP 是胎儿的一种特异性球蛋白，可预防胎儿被母体排斥。AFP 正常值应小于 2.0MOM，化验值越高，胎儿患唐氏征的概率越高。

hCG（人绒毛膜促性腺激素）：人绒毛膜促性腺激素越高，胎儿患唐氏征的概率越高。怀有先天愚型胎儿的孕妈妈，其血清 hCG 水平明显升高。

妈咪的变化

『怀孕第十三周』

孕妈妈的基础体温仍然保持高位的状态，会出现小便频繁、便秘，腰部有沉重感。乳头及外阴部位色素沉着加重，白带明显增多。腹部从肚脐到耻骨会出现一条垂直的妊娠纹，脸上会出现黄褐斑，这些是怀孕的特征，在分娩结束后就会逐渐淡化或消失。到了 13 周，孕妈妈发生流产的机会也相应地降低了。

『怀孕第十四周』

腹部变大了，乳房更加膨胀，乳晕与乳头颜色更加暗沉。腰部也会感到酸痛，容易便秘或腹泻。此时需要穿孕妇装了，还要经常做些适当的运动，比如可以有目的地做一些孕妇操，每天还可以让老公陪伴一起散散步，这些都是比较安全的运动。

『怀孕第十五周』

由于孕妈妈体内的雌激素水平较高，盆腔及阴道充血，因此白带增多是正常的现象。这时应注意避免使用刺激性较强的肥皂。若分泌物量多且有颜色，性状有异常，应及时去医院检查。

『怀孕第十六周』

下腹部膨隆，感觉有下坠感，常常有心慌、气短的感觉，血红蛋白下降。到第 16 周，子宫底的高度处在耻骨联合与肚脐之间。这时，阴道分泌物仍较多，腰部沉重感强，便秘、尿频等现象依然存在。此外，孕妈妈还可发生头痛、痔疮、下肢和外阴静脉曲张等症状。

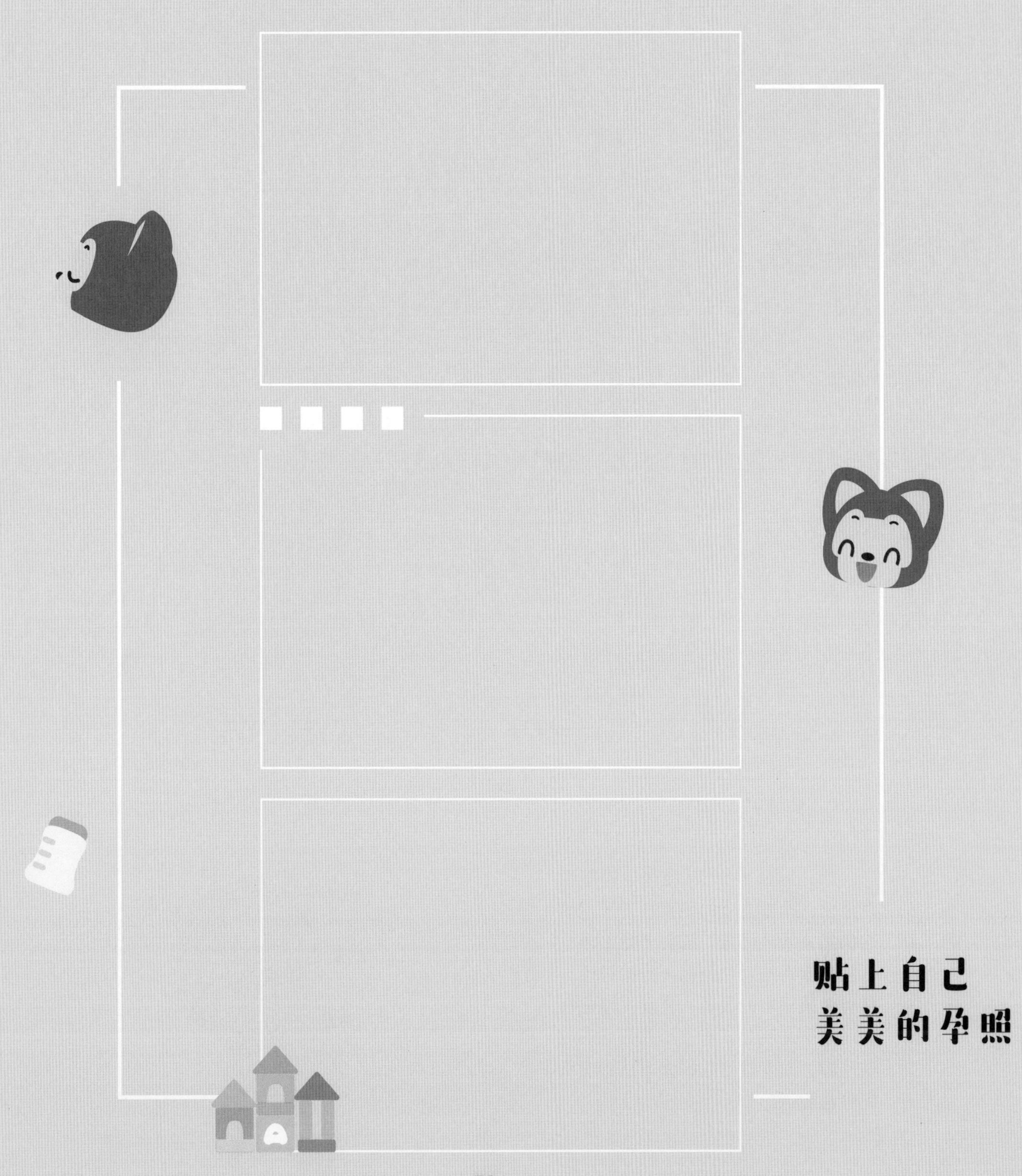
贴上自己
美美的孕照

胎儿的变化

『怀孕第十三周』

胎儿现在大约 10 厘米长，脑袋越来越大，占了整个身体的一半，胎儿成长的关键器官也将在这两周内逐渐发育。手指、脚趾已经完全分开，一部分骨骼开始变得坚硬，并出现关节雏形。从牙齿到指甲，所有器官都在快速生长着。胎儿时而踢腿，时而舒展身姿，看上去好像在跳水上芭蕾。

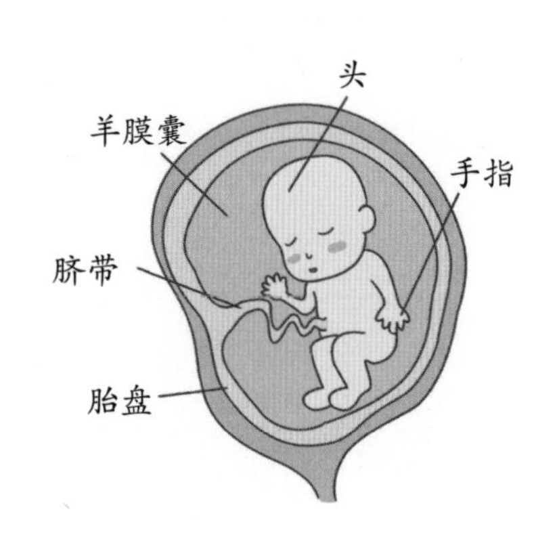

『怀孕第十四周』

胎儿身长大约 12 厘米，额部更为凸出，两眼之间的距离拉近了，眼睑仍然紧紧地闭着。肝脏开始工作，肾脏日渐发达，血液循环开始进行。随着生殖器官的发育，男女生殖器官的区别更加明显，男性胎儿开始形成前列腺，而女性胎儿的卵巢从腹部移到骨盆附近。

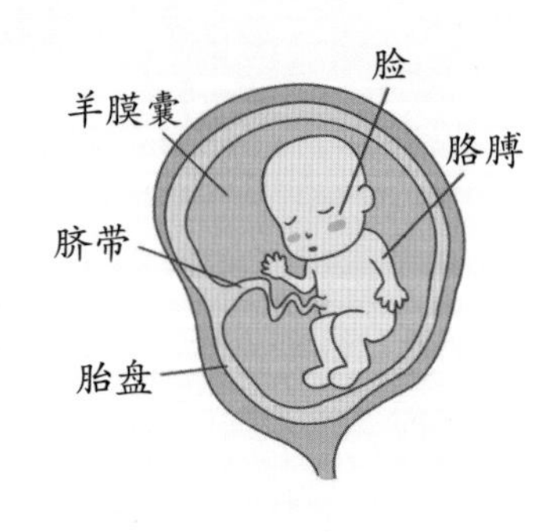

『怀孕第十五周』

胎儿身长已达 14 厘米，体重达 50 克，已经出现指纹。胎儿皮肤增厚，变得红润有光泽，有了一定的防御能力，有利于保护胎儿的内脏器官。胎儿心脏的搏动更加活跃，外生殖器已经可以分辨男女。骨骼进一步发育，肌肉逐渐结实。

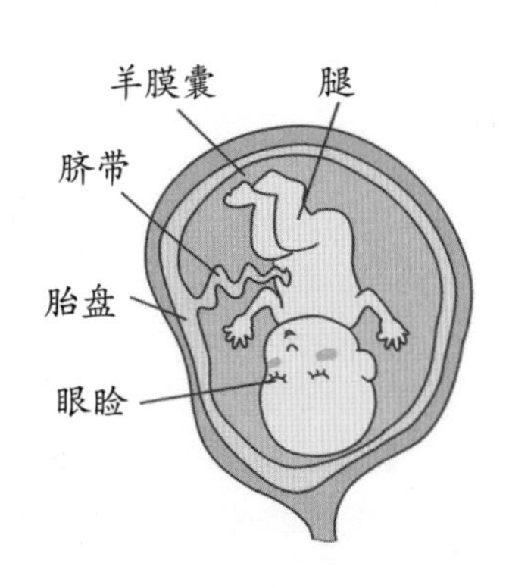

『怀孕第十六周』

胎儿身长已达 16 厘米，体重也达 110 克。皮肤上覆盖了一层细细的绒毛，这层绒毛通常在出生时就会消失。胎儿的眉毛、头发迅速生长，头发的纹理密度和颜色在出生后都会有所改变。随着胎盘功能的逐步完善，胎儿的发育加速，羊水量从这个时期开始快速增加。胎儿在子宫里开始能做许多动作，如握紧拳头、眯着眼睛斜视、皱眉等，并且开始吸吮自己的大拇指。

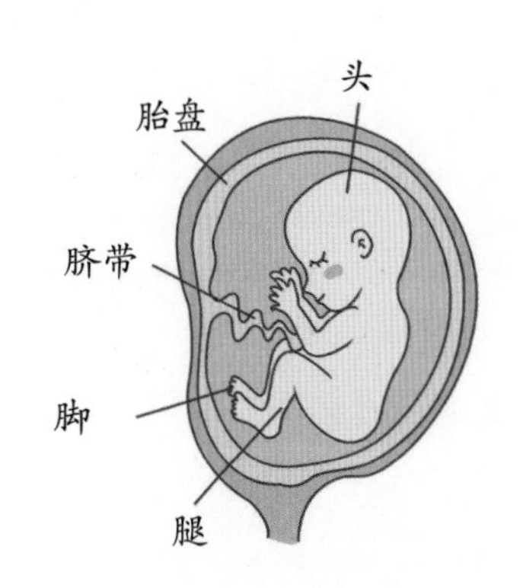

孕期生活守则

『防治皮肤瘙痒』

皮肤瘙痒是孕期较常见的生理现象，不需要特殊治疗，宝宝出生后就会好转。经常洗澡、勤换内衣、避免吃刺激性食物、保证睡眠充足、保证大便通畅，都有助于减轻皮肤瘙痒。每次沐浴的时间最好是 10 ～ 20 分钟，因为洗澡时间过长，不仅皮肤表面的角质层易被水软化，导致病毒和细菌的侵入，孕妈妈还容易产生头晕的现象。另外，洗澡频率应根据个人的习惯和季节而定，一般来说 3 ～ 4 天洗 1 次，有条件的话，最好每天洗澡。

『注意手足抽搐』

若母体补充的钙、维生素 B_1 这两种物质无法满足胎儿急速生长的需要，胎儿就要夺取母体本身维持代谢所需的钙和维生素 B_1，如果母体里钙缺乏到一定程度，就会出现手足抽搐的现象。因此，孕妈妈怀孕期间要多吃含钙丰富的食物，鱼、虾、蛋类都是不错的选择。米、粗面、豆类、动物肝和瘦肉含维生素 B_1 较丰富。此外，还可服鱼肝油、钙片等。孕妈妈应多进行户外运动，多晒太阳，这样有助于钙的吸收。

『关爱乳房』

孕妈妈最好从第16周开始进行乳房按摩。每天有规律地按摩一次，也可以在洗澡或睡觉前进行2～3分钟的按摩。动作要有节奏，乳房的上下左右都要按摩到。按摩的力度以不感觉疼痛为宜，避免刺激乳头。一旦在按摩时感到腹部发紧，应立即停止。

『出行前的准备工作』

孕妈妈如果考虑出游，外出前一定要接受一次检查，即便之前已经做过检查，出游的前1～3天还是要重复检查一次，因为宫腔和胎儿的变化是非常迅速的。另外，外出时病历最好随身携带，如果不幸在途中发生意外，有病历记录将会更方便当地医院和医生做出准确诊断，并有针对性地进行救护。

『警惕贫血』

即使孕妈妈在怀孕前已经检测没有贫血，在怀孕期间也会有贫血症状出现。孕期缺乏铁、蛋白质、维生素B_{12}、叶酸等都可能造成贫血，以缺铁性贫血最为常见。一般人每日从膳食中摄取的铁尚能基本维持平衡，但对孕妈妈来说，因胎儿生长发育和自身贮备的需要，需铁量必然增多。每日需铁量应为30～40毫克，一般饮食不可能达到此量。于是，孕妈妈体内贮备的铁被动用，若未能及时补充，或者入不敷出，就会出现贫血。

语言胎教：一起唱儿歌

《红气球、绿气球》

红气球、绿气球，
长长尾巴圆圆头，
好像只只花蝌蚪，
跟着个个小朋友。
小朋友，一松手，
蝌蚪就向天上走。

《堆雪人》

天上雪花飘，
我把雪来扫。
堆个大雪人，
头戴小红帽。
安上嘴和眼，
雪人对我笑。

《做早操》

早晨空气真叫好，
我们起来做早操。
伸伸臂，弯弯腰，踢踢腿，
蹦蹦跳，
天天锻炼身体好。

《七个果果》

一二三四五六七，
七六五四三二一。
七个阿姨来摘果，
七个篮子手中提。
七个果子摆七样，
苹果、桃儿、石榴、柿子、李子、栗子、梨。

《小雨点》

小雨点，
沙沙沙，
落在小河里，
青蛙乐得呱呱呱。
小雨点，
沙沙沙，
落在大树上，
大树乐得冒嫩芽。
小雨点，
沙沙沙，
落在马路上，
鞋子啪叽啪叽啪。

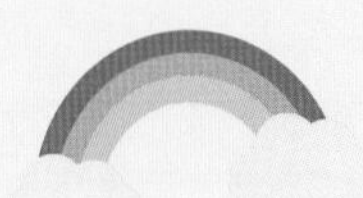

本月孕期营养

1

『适量摄取维生素 A』

维生素 A 可以帮助细胞分化，对眼睛、皮肤、牙齿、黏膜的发育是不可缺少的，但是摄取过量也会导致唇腭裂、先天性心脏病等缺陷。孕妈妈应购买孕妇专用的综合维生素 A。富含维生素 A 的食物有胡萝卜、鱼肝油、猪肝等。

2

『摄入足够的钙』

这个月胎儿开始长牙根，需要大量的钙元素。若钙的摄入量不足，孕妈妈体内的钙就会向胎体转移，从而造成孕妈妈小腿抽筋、腰酸背痛、牙齿松动等症状，胎儿牙齿也会发育不健全。奶和奶制品是钙的优质来源，而虾皮、海带、大豆等也能提供丰富的钙质。

3

『要增加锌的摄入量』

缺锌会造成孕妈妈味觉、嗅觉异常，食欲缺乏，消化和吸收功能下降，免疫力低下。孕妈妈可以观察自己是否出现了上述症状，或是观测症状的轻重程度，以决定是否需要补充锌元素。

1

『麦片』

食用麦片不仅可以让孕妈妈一上午都精力充沛，而且能降低体内胆固醇的水平。不要选择那些口味香甜、精加工过的麦片，最好选择天然的，没有任何糖类或其他添加成分的麦片。

2

『牛奶』

牛奶含钙量丰富，能够满足孕妈妈对钙的需求，孕期需要从食物中吸取的钙是平时的 2 倍。多数食物的含钙量都很有限，因此，孕期喝牛奶就成了孕妈妈聪明的选择。

3

『瘦肉』

铁在人体血液转运氧气和红细胞合成的过程中起着不可替代的作用。孕妈妈的血液总量会增加，以保证能够通过血液供给胎儿足够的营养，因此，孕期对于铁的需求就会成倍增加。如果体内储存的铁不足，孕妈妈会感到极易疲劳。通过饮食补充足够的铁就变得尤为重要。瘦肉中的铁是供给这一需求的主要来源之一，也是最易于被人体吸收的。

吃什么，怎么吃

妈咪的心情日记

年 月 日

℃

Little
Child

STEP 6 怀孕第五个月

本月日常生活表

第 17 周	天气	心情记录
1 日		
2 日		
3 日		
4 日		
5 日		
6 日		
7 日		

第 18 周	天气	心情记录
1 日		
2 日		
3 日		
4 日		
5 日		
6 日		
7 日		

第 19 周	天气	心情记录
1 日		
2 日		
3 日		
4 日		
5 日		
6 日		
7 日		

第 20 周	天气	心情记录
1 日		
2 日		
3 日		
4 日		
5 日		
6 日		
7 日		

『详细的超声波检查』

主要看胎儿外观发育上是否有较大的问题。医生会仔细测量胎儿的头围、腹围，看大腿骨长度及检视脊柱是否有异常。

GO!

孕五月产检

在这里贴上本月产检报告单

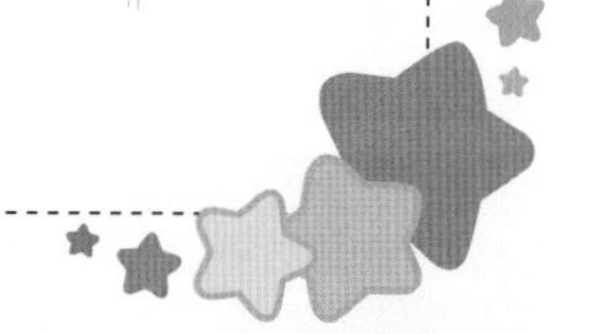

『羊膜腔穿刺检查』

羊膜腔穿刺检查是产前诊断常用的有创伤性的一种检查方法。利用羊水检查，可预测多种新生儿疾病。

『这些孕妈妈最好做羊膜腔穿刺检查』

· 年龄超过 35 岁的孕妈妈。
· 孕妈妈本人或直系亲属曾生育先天缺陷儿。
· 家族中有遗传性疾病的孕妈妈。
· 母血筛查唐氏综合征结果异常的孕妈妈。
· 本人或配偶有遗传性疾病的孕妈妈。
· 本人或配偶有染色体异常的孕妈妈。
· 本次怀孕疑似有染色体异常的孕妈妈。
· 妊娠早期接触过可能导致胎儿先天缺陷的物质的孕妈妈。

妈咪的变化

『怀孕第十七周』

孕妈妈食欲已好转，比前几个月要舒服很多。现在孕妈妈的体重可能已经增加了 2 ～ 4.5 千克。也许还没有感觉到胎动，没关系，初次感觉胎动的时间因人而异，早的怀孕 14 周就可以感觉到，晚的要到 20 周才能觉察。

『怀孕第十八周』

由于孕妈妈的腹部在不断地变大，其他脏器也随着子宫的增大和胎儿的发育发生一定的位移。子宫的位置在肠道的上前方，一些孕妈妈会在站立时轻易地触摸到膨胀起来的腹部，属于正常现象。孕妈妈应注意自身的体重，孕中期，每周体重的增加最好不超过 500 克。体重指数超过 25 的孕妈妈每周体重增加不超过 300 克。

『怀孕第十九周』

由于孕妈妈的心脏和血管正在适应这一阶段的变化，会有点儿低血压的感觉，站起或躺下时动作要慢，尽量减少不必要的晕眩。随着乳腺的发育和乳房的膨胀，怀孕前的内衣已经不太适合了，如果过于压迫乳头，会妨碍乳腺的发育，因此要换尺码较大的孕妇专用内衣。此时，孕妈妈白带仍然较多，并且有些黏稠，要注意清洁，防止感染。

『怀孕第二十周』

孕妈妈通常会感到腹部、臀部两侧或一侧有比较明显的疼痛感，有些疼痛会延伸到腹股沟区，这种疼痛现象属正常情况。随着胎儿的长大，从母体吸收的营养越来越多，孕妈妈的营养需求量不断增大，所以孕妈妈要注意从饮食中补充各种营养，否则会影响胎儿的智力发育及身体生长。可以用少食多餐的方法，多吃些含铁丰富的食品，防止缺铁性贫血。

本月最美孕照

胎儿的变化

『怀孕第十七周』

胎儿生长较快，大约有 100 克重。胎儿已经开始打嗝了，这是呼吸的先兆。胎儿腿的长度超过了胳膊，长有完整的手指甲，指关节也开始活动。母体接收到的刺激直接反应至胎儿的动作上，胎儿能够敏锐地感应到母体环境和心态的变化。

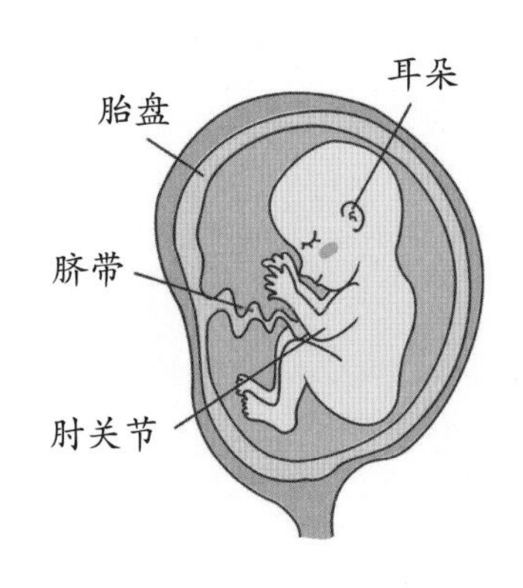

『怀孕第十八周』

胎儿开始有听觉，也开始长脂肪了，这样会使胎儿本身的特征更为明显。这个时期，胎儿的骨骼大部分由软骨逐渐变硬。胎儿在子宫内做出各种动作，对外界刺激变得敏感，有时以脚踢妈妈肚子的方式来表达自己的存在。

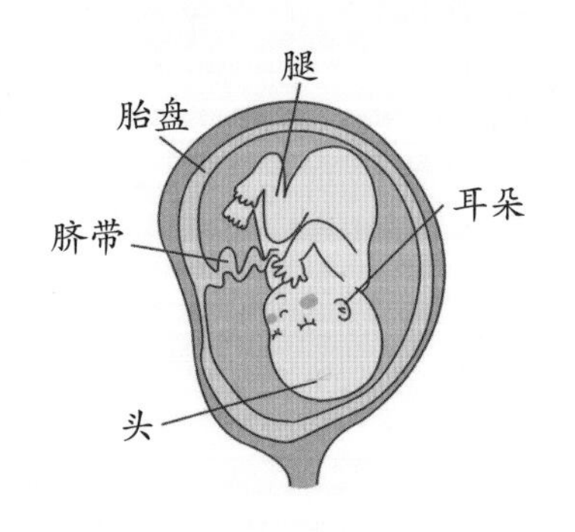

『怀孕第十九周』

胎儿此时约 22 厘米，重 200 克左右，全身长出细毛，头发、眉毛、指甲等已齐备。胎头约占身长的 1/3，脑袋的大小像个鸡蛋。孕妈妈可以清楚地感受到胎动。胎儿的心脏搏动更加有力，用听诊器透过腹壁可以听到胎儿心脏的跳动。胎儿神经组织已经比较发达，并且开始有了一些感觉。这时胎儿已经具有了吞咽及排尿功能。

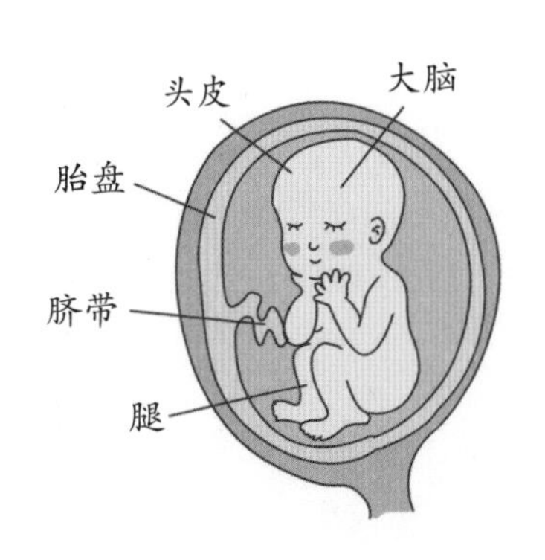

『怀孕第二十周』

胎儿身长约 25 厘米，重 320 克左右。肾脏开始产生尿液了，脑部的指示已经可以传达到某些感觉神经。皮肤渐渐呈现出美丽的红色，可以见到皮下血管；呼吸肌开始运动，并有分泌现象。宝宝的大脑皮质功能并未成熟，大脑的功能亦未得到发挥。孕妈妈兴奋、激动等情绪使体内雌性激素发生变化，促使中脑发出信号，可通过血液、胎盘传给胎儿。

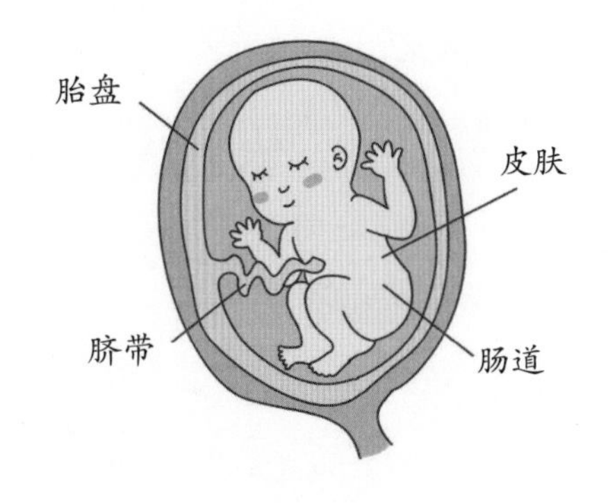

孕期生活守则

『每天称两次体重，掌握体重走向』

建议孕妈妈每天称两次体重，早晨一次，晚上一次，并将每天的数据记录下来。细心的孕妈妈还可以把每天吃的食物种类、数量记录下来，这样更容易清楚地掌握每日摄入的热量。

有些孕妈妈为了控制体重而放弃主食，认为主食热量过高，而是每天用零食来填饱肚子，其实这种做法是错误的，这样更容易使体重增加。

『警惕妊娠纹』

随着胎儿的成长，羊水的增加，孕妈妈的子宫也会逐渐膨大。当腹部在快速膨隆的情形下，超过肚皮肌肤的伸张度，就会导致皮下组织所富含的纤维组织及胶原蛋白纤维因扩张而断裂，产生妊娠纹。

妊娠纹的形成部位以腹部最多。其他较常见的地方则有乳房周围、大腿内侧及臀部。它的分布往往由身体的中央向外放射，呈平行状或放射状。

『规律的生活作息，避免晚睡晚起』

规律的生活作息是必需的，即使休息在家也不能晚睡晚起，否则很容易使体重增加，而且孕妈妈的作息很容易影响到胎儿，小心将来他也是个“小懒猫”。

『如何在家进行胎动计数』

一般来说，在正餐后卧床或坐位计数，每日3次，每次1小时。每天将早、中、晚各1小时的胎动次数相加乘以4，就得出12小时的胎动次数。如果12小时胎动数大于30次，说明胎儿状况良好；如果为20～30次，应注意次日计数；如果小于20次，要告诉医生，做进一步检查。当怀孕满32周后，每次应将胎动数做记录，产前检查时请医生看看，以便及时获得指导。

当胎儿已接近成熟时，记数胎动尤为重要。如果1小时胎动次数为4次或超过4次，表示胎儿状态良好；如果1小时胎动次数少于3次，应再数1小时，若仍少于3次，则应立即去妇产科看急诊，以了解胎儿情况。

『每天散步1小时，创造锻炼的机会』

散步是最休闲，也是最有效的消耗热量、帮助消化的方式，尤其是晚餐胃口比较好的孕妈妈，要坚持散步。忙碌了一天，出去散步还可以缓解疲劳，增进和准爸爸的感情。

语言胎教：《孩童之道》

孕妈妈在读这首散文诗的时候，
可以有感情地读出声来，
也许胎儿正在安静地听孕妈妈的声音呢……

孩童之道

泰戈尔

只要孩子愿意，他此刻便可飞上天去。

他所以不离开我们，并不是没有缘故。

他爱把他的头倚在妈妈的胸间，他即使是一刻不见她，也是不行的。

孩子知道各式各样的聪明话，虽然世间的人很少懂得这些话的意义。

他所以永不想说，并不是没有缘故。

他所要做的一件事，就是要学习从妈妈的嘴唇里说出来的话。那就是他所以看来这样天真的缘故。

孩子有成堆的黄金与珠子，但他到这个世界上来，却像一个乞丐。

他所以这样假装了来，并不是没有缘故。

这个可爱的小小的裸着身体的乞丐，所以假装着完全无助的样子，便是想要乞求妈妈的爱的财富。

孩子在纤小的新月的世界里，是一切束缚都没有的。

他所以放弃了他的自由，并不是没有缘故。

他知道有无穷的快乐藏在妈妈的心的小小一隅里，被妈妈亲爱的手臂所拥抱，其甜美远胜过自由。

孩子永不知道如何哭泣。他所住的是完全的乐土。

他所以要流泪，并不是没有缘故。

虽然他用了可爱的脸儿上的微笑，引逗得他妈妈的热切的心向着他，然而他的因为细故而发的小小的哭声，却编成了怜与爱的双重约束的带子。

——《新月集》

本月孕期营养

1 『增加热能』

孕中期，孕妈妈基础代谢加强，糖利用增加，在孕前基础上增加 200 千卡（837 千焦），每日主食摄入量应达 400 克或大于 400 克，并与杂粮搭配食用。

2 『增加铁的摄入量』

从怀孕到第五个月，胎儿会以相当快的速度成长，血容量扩充，铁的需求量会成倍增加，因此，孕妈妈对铁的需求量也跟着增加，如果不注意铁质的摄入，非常容易患上缺铁性贫血。

3 『保证优质足量的蛋白质』

孕中期是胎儿组织发育的快速时期，孕妈妈每日应在原饮食结构基础上增加 15 克蛋白质的摄入，一半以上应为优质蛋白质，来源于动物性食品和大豆类食品。

1

『多吃鱼』

鱼肉含有丰富的优质蛋白质，还含有两种不饱和脂肪酸，即二十二碳六烯酸（DHA）和二十碳五烯酸（EPA）。这两种不饱和脂肪酸对大脑的发育非常有好处。

这两种物质在鱼油中含量要高于鱼肉，而鱼油又相对集中在鱼头内。所以，孕妈妈适当吃鱼头，有益于胎儿大脑分区发育。

2

『粗细搭配』

大米和面食可以提供胎儿迅速生长需要的热量。面食中含铁多，肠道吸收率也高，同时搭配一些小米、玉米面、燕麦等杂粮，不但有利于营养的吸收，还可以刺激胃肠蠕动，缓解便秘。

3

『吃水果有讲究』

孕妈妈每天的水果摄入量不能超过 500 克，有一些水果孕妈妈是不能多吃的，如山楂、桂圆和荔枝等。虽然桂圆和荔枝是优质水果，但是过量食用会造成孕妈妈排便不通畅，甚至出现阴道出血和腹痛等先兆流产的症状。

吃什么，怎么吃

Little
Child

妈咪的心情日记

年　月　日

℃

GOOD NIGHT

怀孕第六个月

本月日常生活表

第21周	天气	心情记录
1日		
2日		
3日		
4日		
5日		
6日		
7日		

第22周	天气	心情记录
1日		
2日		
3日		
4日		
5日		
6日		
7日		

第 23 周	天气	心情记录
1 日		
2 日		
3 日		
4 日		
5 日		
6 日		
7 日		

第 24 周	天气	心情记录
1 日		
2 日		
3 日		
4 日		
5 日		
6 日		
7 日		

孕六月产检

『妊娠期糖尿病筛查』

大部分妊娠期糖尿病的筛检是在妊娠 24 ～ 28 周进行。检查前三天进行正常体力活动，正常饮食。抽血前晚 10 点后禁食，禁喝饮料。当日晨起 8 点前空腹抽血后，将溶好的 300ml 糖水（75 克葡萄糖粉溶于 300ml 温水中）于 5 分钟内喝完。从饮用葡萄糖水开始计时，分别于 1 小时、2 小时抽取静脉血。等待抽血期间不可进食，不可喝饮料，可以饮用白开水，保持安静，避免运动，避免情绪激动或兴奋，禁烟。三项化验值中有一项高于或等于标准值即代表孕妈妈患有妊娠期糖尿病。

『哪些孕妈妈易患妊娠期糖尿病』

(1) 年龄超过 35 岁的孕妈妈。

(2) 肥胖，妊娠前体重超过标准体重的 20%，或者妊娠后盲目增加营养，进食过多，活动过少，体重增加太多的孕妈妈。

(3) 直系亲属中有人得糖尿病的孕妈妈。

(4) 以往妊娠时曾出现妊娠糖尿病的孕妈妈。

(5) 生育过巨大胎儿（体重大于 4 千克）的孕妈妈。

妈咪的变化

『怀孕第二十一周』

孕妈妈的子宫顶部达到肚脐的位置，肚脐可能会凸出。胎动更加明显，当胎儿睡觉时，两条胳膊弯曲地抱在胸前，双膝前踢腹部。这一时期由于子宫增大压迫盆腔静脉，会使孕妈妈的下静脉血液回流不畅，引起双腿水肿，下午和晚上水肿加重，早晨起床时减轻。

『怀孕第二十二周』

孕妈妈的肚子越来越大，此时阴道分泌物仍较多，呈白色糊状。由于母体内钙质等成分被胎儿大量摄取，有时孕妈妈会出现牙痛或口腔炎。虽然初产的孕妈妈对胎动不敏感，但在此阶段，几乎所有的孕妈妈都会感觉到胎动。

『怀孕第二十三周』

本周孕妈妈的体重大约以每周250克的速度迅速增长。同时，由于子宫的位置日益增高，压迫到肺，孕妈妈会在上楼梯时感到吃力，呼吸相对困难。建议孕妈妈穿宽松的衣服和鞋。由于孕激素的作用，孕妈妈的手指、脚趾和全身关节韧带也变得松弛。本周的胎动次数增加，胎儿的心跳十分有力，孕妈妈好好享受这一时刻吧！

『怀孕第二十四周』

这个阶段孕妈妈的体重在平稳增加，饮食要有所节制，尽量食用健康食品来替代可能给胎儿带来损害的食物。此阶段孕妈妈因缺乏微量元素及维生素很容易出现口腔炎、龋齿，当然这也与内分泌变化、激素水平改变有关。如果有症状，应及时到口腔科治疗，同时注意口腔卫生，保护牙齿，并适当补充钙和维生素 D。

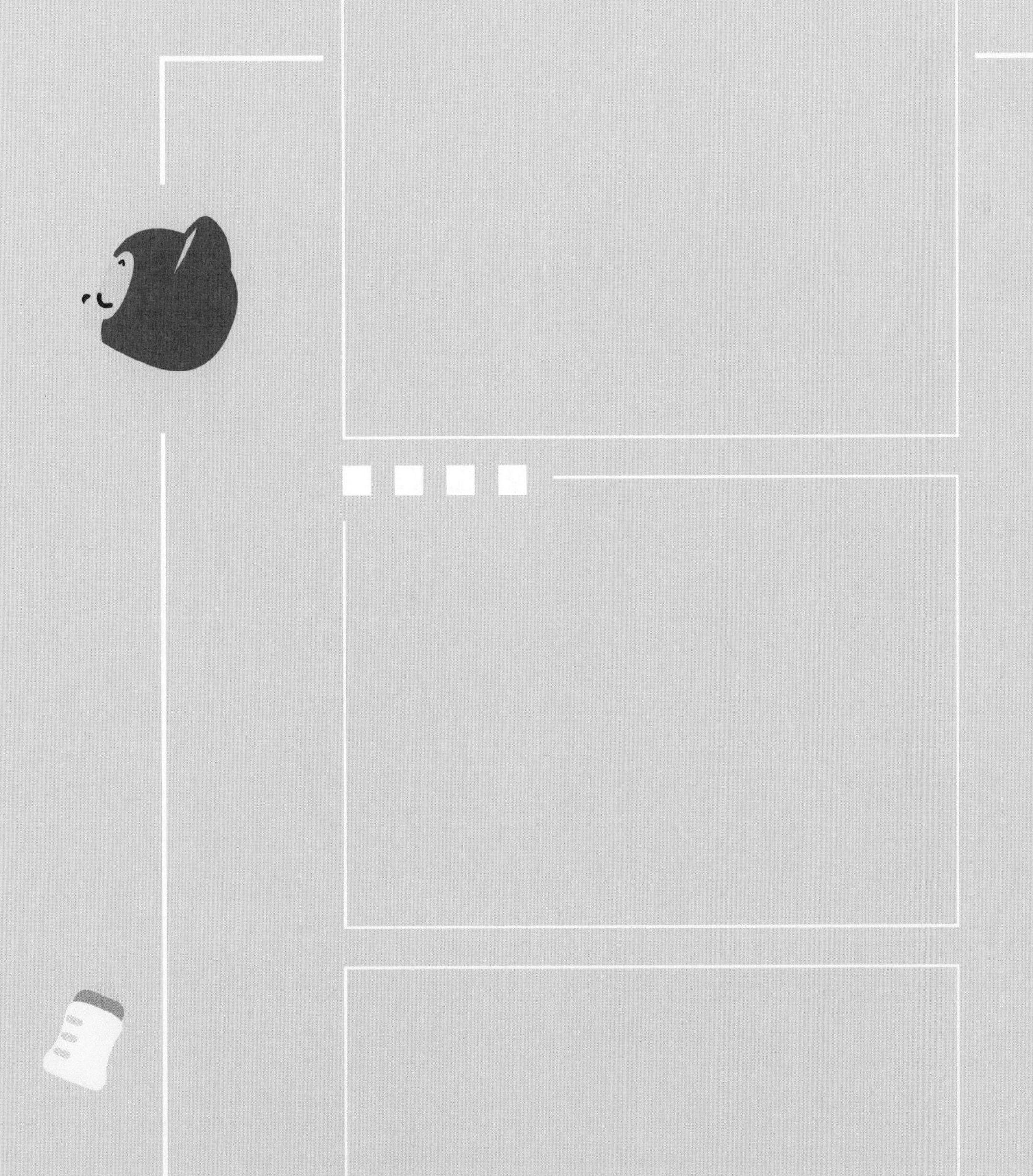

贴上自己

美美的孕照

胎儿的变化

『怀孕第二十一周』

胎儿长约 26 厘米，重约 360 克。一层乳白色的皮脂裹住胎儿，保护胎儿的皮肤不受羊水的刺激。胎儿运动能力提高，有时运动过于剧烈会导致孕妈妈晚上无法入睡。此时胎儿呼吸不规则，通过超声波可看到胎儿两手在脸前握手，手指触摸嘴唇而产生反射动作——口张开，渐渐由反射动作转为自然动作。

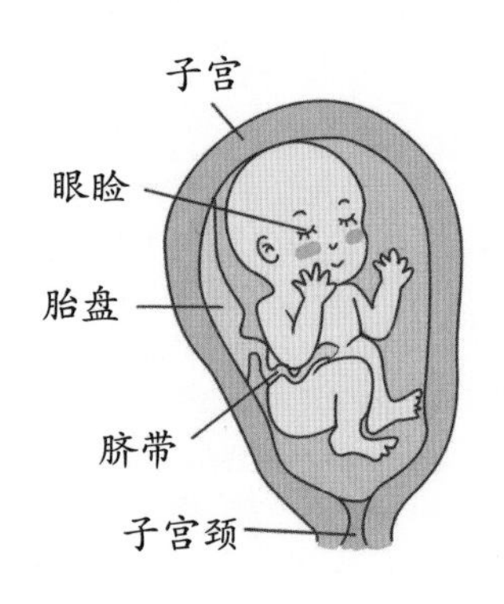

『怀孕第二十二周』

胎儿身长大约 27 厘米，体重为 450 克左右。头盖骨、脊椎、肋骨及四肢的骨骼进一步发育。小家伙吞咽羊水时，其中少量的糖类可以被肠道吸收，然后再通过消化系统运送到大肠。这个时期胎儿的关节很发达，能抚摸自己的脸部、双臂和腿部，甚至可以低头。

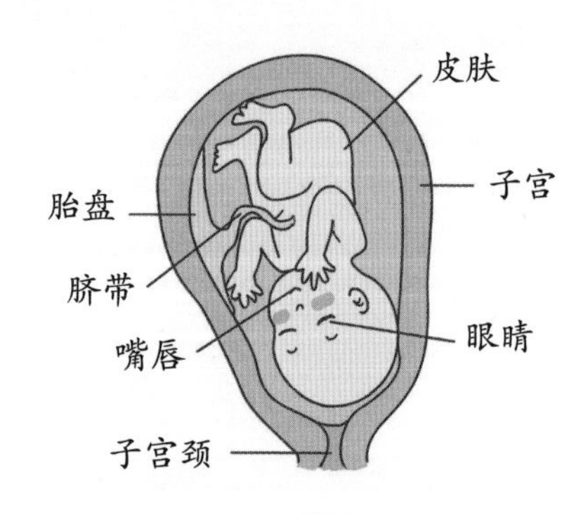

『怀孕第二十三周』

胎儿的体重已经达到 540 克左右，而且肺部的血管会进一步发育，为呼吸做准备。胎儿经常张开嘴，重复喝羊水和吐羊水的动作，通过这样的过程，胎儿逐渐熟悉寻找妈妈乳头的反射性动作。胎儿对外部声音更加敏感，而且很快熟悉经常听到的声音，在孕妈妈的肚子里已开始接触外部声音，出生后就不会被日常噪声吓坏。

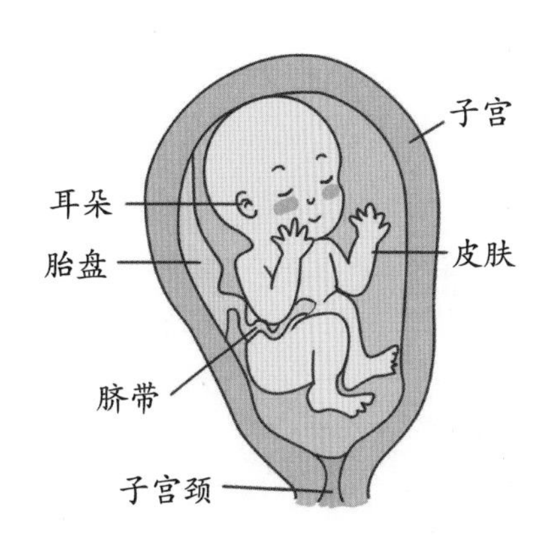

『怀孕第二十四周』

24 周的胎儿看起来已经像一个微型宝宝了，身长大约 30 厘米，体重约 650 克。宝宝的五官已发育成熟，嘴唇、眉毛已各就各位，清晰可见，视网膜也已形成，具备了微弱的视觉。此时胎儿的胰腺及激素的分泌也正在稳定的发育过程中。在胎儿的牙龈下面，恒牙的牙胚也开始发育了，孕妈妈需要多补钙，为宝宝将来能长出一口好牙打好基础。

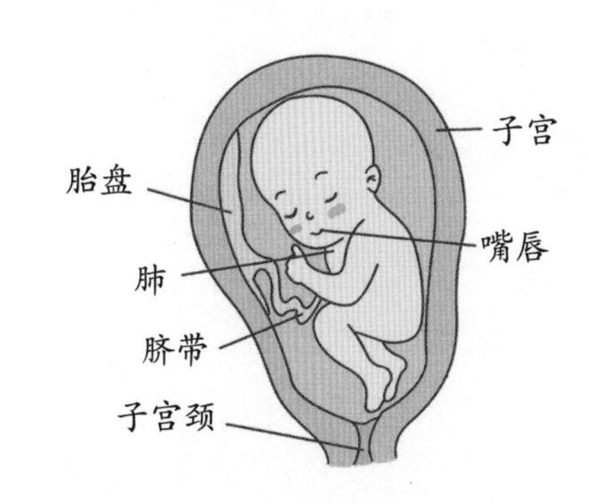

孕期生活守则

『失眠怎么办』

整个妊娠期间，孕妈妈都有失眠的可能，要保持良好的身心状态，放松紧张焦虑的情绪。尽量不在床上做与睡眠无关的事，如看电视、玩手机等；睡前避免过饱或过饿，减少刺激性食物和饮料的摄入；在身体条件允许的情况下白天保持一定量的有氧运动，但是要注意，睡前两小时要避免运动。

『预防妊娠期糖尿病』

怀孕 24 ～ 28 周，孕妈妈要进行血糖检查，这是为了诊断孕妈妈是否出现高血糖状态下的妊娠期糖尿病。即使怀孕前没有糖尿病，怀孕中也可能会出现，所以必须接受妊娠期糖尿病的筛查。被确认为妊娠期糖尿病后，要通过饮食和运动对血糖进行调节，病情严重时，还需要辅以药物治疗。

孕妈妈的饮食必须做到平衡，要均衡摄入蛋白质、脂肪和糖类，补充适量的维生素和无机盐。为了保持血糖水平稳定，不能漏餐，尤其是一定要吃早餐。

研究表明，适当的运动会帮助身体代谢葡萄糖，使血糖保持在稳定水平。但不是所有的运动都适合孕妈妈，最好咨询产科医生，了解哪项运动比较适合自己。

『忌涂风油精、清凉油』

涂抹风油精或清凉油能够消炎、消肿、解暑、醒脑，因此，很多家庭都备有这些东西。但并不是所有的人都适合用风油精和清凉油，因为风油精和清凉油里面有薄荷、樟脑等成分，对孕妈妈会造成伤害，所以孕妈妈应该禁用。特别是樟脑，它能够穿透胎盘，危及胎儿，导致胎儿流产、畸形或死胎。

『注意嘴唇的卫生』

空气中其实混杂着一些有害物质，如铅、硫等元素，而这些有害物质很容易沾染在孕妈妈的嘴唇上。空气中的有害物质一旦通过嘴唇进入孕妈妈体内，就会对胎儿的健康产生影响，有可能导致胎儿的组织器官畸形。所以孕妈妈外出时应注意嘴唇卫生，在吃东西之前除了洗手外，还要清洗或擦拭嘴唇。

『远离厨房空气污染』

厨房是室内污浊气体聚集地之一，燃料燃烧产生的二氧化硫、二氧化氮、一氧化碳等有害气体，时常会使人们感到不适。出现诸如食欲减退、心烦意乱、萎靡不振、嗜睡、身体疲乏无力等症状。近年来，厨房装修带来的苯类物质，更是一种可怕的致癌物。

正常情况下，普通人对油烟一类的不良气体具有一定的抵抗及适应能力。孕妈妈则不然，她们本能的防御体系都降到了较低水平，因而极易成为被伤害的人群。

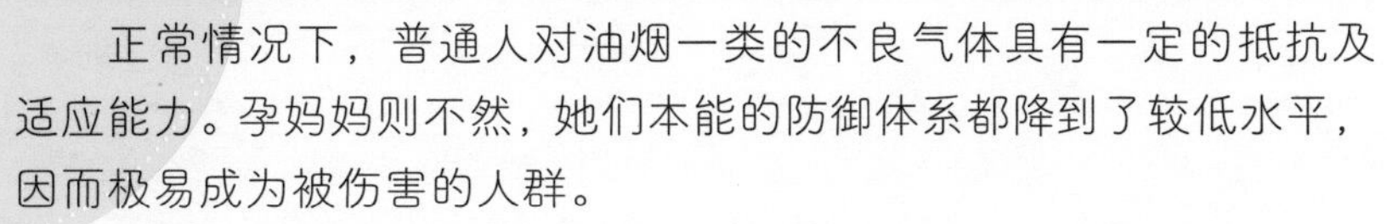

音乐胎教：观看《音乐之声》

推荐孕妈妈观看电影《音乐之声》。《音乐之声》是由美国音乐剧的泰斗理查德·罗杰斯和奥斯卡·汉默斯坦二世根据阿加特·冯特拉普的自传《冯特拉普家的歌手们》改写而成。

《音乐之声》取材于1938年发生在奥地利的一个真实故事：

修女玛利亚是位性格开朗、热情奔放的姑娘。她爱唱歌、跳舞，还十分喜爱大自然的清新、宁静和美丽。修道院院长觉得玛利亚不适合修道院的生活，应该放她到外面看看。于是玛利亚来到萨尔茨堡当上了前奥地利帝国海军退役军官冯特拉普家7个孩子的家庭教师。冯特拉普深爱的妻子几年前去世了，从此他变得心灰意冷，对生活失去了希望。家里再也没有了歌声，没有了笑声。

孩子们生性活泼，各有各的性格。他们不愿意过这种严加管束的生活，总设法捉弄家庭教师。但玛利亚自己就具有孩子般的性格，她引导他们、关心他们、帮助他们，最终赢得了他们的信任。

当上校带着准备与他结婚的男爵夫人回来时，他惊奇地发现那原本死气沉沉的家，现在竟出现了欢声笑语，充满了音乐之声。冯特拉普上校冷酷的心开始解冻了，他发现自己已经深深地爱上了心地善良的玛利亚……

SLEEP
WELL

本月孕期营养

1 『继续补铁』

进入孕6月后，孕妈妈的体形会显得更加臃肿，到本月末将会是大腹便便的标准孕妇模样。此时，孕妈妈和胎儿的营养需求都会大大增加，本月仍然要保证铁的摄入量，多吃含铁丰富的食物。此外，还要保证营养摄取均衡，使体重在正常范围内增长。

2 『补充维生素』

维生素在体内的含量很少，但在人体生长、代谢、发育过程中却发挥着重要的作用。孕6月，孕妈妈体内能量及蛋白质代谢加快，所以要重点增加维生素的摄入，特别是对B族维生素的补充。

3 『补充无机盐』

孕妈妈应多食用富含钙、铁、锌的食物，有些地区还要注意碘的摄入。孕中期应每日饮奶，经常食用动物肝脏和水产品，植物性食品首选豆制品和绿叶蔬菜。

1

『 干果 』

花生仁之类的坚果含有益于心脏健康的不饱和脂肪酸，但是坚果的热量和脂肪含量比较高，因此每天应控制摄入量在 30 克左右。杏脯、干樱桃、酸角等干果，不仅味美，而且可以随身携带，随时满足孕妈妈想吃零食的欲望。

2

『 奶制品、豆制品 』

牛奶、酸奶富含钙和蛋白质，有助于胃肠道健康。有些孕妈妈有吃素食的习惯，为了获取足够的蛋白质，可以从豆制品中获得孕期所需的营养。

3

『 蔬菜 』

做西餐沙拉时不要忘记加入深颜色的莴苣，颜色深的蔬菜往往意味着维生素含量高。甘蓝是很好的钙来源，孕妈妈可以随时在汤里或是饺子馅儿里加入这类新鲜的蔬菜。

吃什么，怎么吃

妈咪的心情日记

年　月　日

℃

怀孕第七个月

本月日常生活表

第 25 周	天气	心情记录
1 日		
2 日		
3 日		
4 日		
5 口		
6 日		
7 日		

第 26 周	天气	心情记录
1 日		
2 日		
3 日		
4 日		
5 日		
6 日		
7 日		

第 27 周	天气	心情记录
1 日		
2 日		
3 日		
4 日		
5 日		
6 日		
7 日		

第 28 周	天气	心情记录
1 日		
2 日		
3 日		
4 日		
5 日		
6 日		
7 日		

妈咪的变化

『怀孕第二十五周』

孕妈妈体重增加速度变快，从现在起，穿不加束缚的衣服会更舒服。孕妈妈站立时两腿要平行，把重心放在脚心上；走路时要抬头挺胸，下颌微低，后背直起，要踩实走路；上下楼时切忌弯腰和腆肚子。

『怀孕第二十六周』

孕妈妈的肚子越来越大，宫底上升到脐上1～2横指，子宫高度为24～26厘米，身体为保持平衡略向后仰，腰部易疲劳而产生酸痛感。腹部由于过度膨隆可出现少许的妊娠纹。增大的子宫压迫盆腔静脉，使下腔静脉曲张更加严重，便秘和痔疮也会随之而来。

『怀孕第二十七周』

此阶段对孕妈妈来说，安心舒服的睡眠将是一种奢侈，去卫生间及胎动都使孕妈妈的睡眠时间支离破碎。抓住一切时间补觉吧。此外，睡眠不好可能会导致心神不安，经常做一些记忆清晰的噩梦。可试着向丈夫或亲友诉说内心感受，他们也许能够帮助孕妈妈放松下来。

『怀孕第二十八周』

受激素水平的影响，孕妈妈的髋关节松弛而导致步履艰难。孕妈妈的心脏和肾脏的负担明显增加，有些人可能发生水肿、血压增高和蛋白尿的现象，这些是妊娠期高血压疾病的主要表现，必须保持警惕。孕妈妈必须做贫血筛查，若发现贫血，一定要在分娩前治愈。

本月最美孕照

胎儿的变化

『怀孕第二十五周』

胎儿约重750克，听力已经形成，对外界的声音反应比较敏感，如孕妈妈心跳的声音或肠胃蠕动的声音，胎儿都能听见。当给胎儿播放节奏强烈的音乐时，胎动会增加且幅度增大，显得躁动不安，所以平时要尽量远离使胎儿躁动不安的声音。

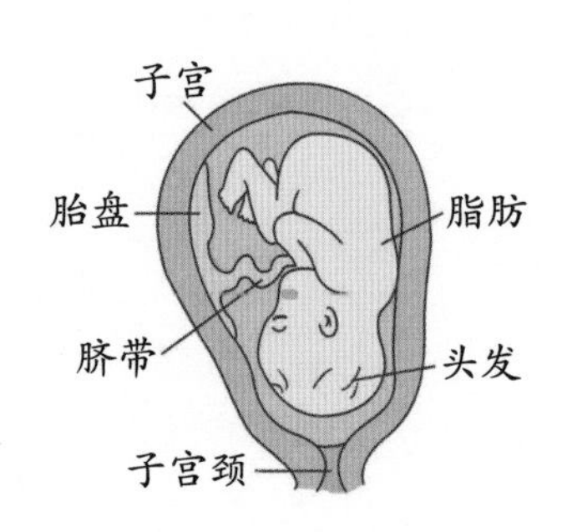

『怀孕第二十六周』

胎儿体重约950克，舌头上正在形成味蕾，听觉也有发展，对各种声音都有所反应。胎儿会把自己的大拇指或其他手指放到嘴里去吸吮，但是目前胎儿的吸乳力量还不够大。

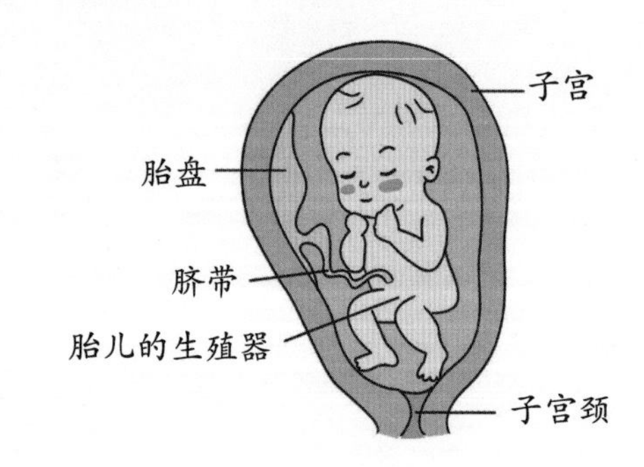

『怀孕第二十七周』

27周的胎儿“表情”已经非常丰富了，会哭会笑。现在胎儿的体重约1000克，身长约33厘米。这个时候胎儿的大脑对触摸已经有了反应。这个时期胎儿开始出现情绪的变化，而且能感应到妈妈的情绪变化，当妈妈情绪低落时，胎儿也开始忧伤，当妈妈心情愉快时，胎儿也会跟着开心。

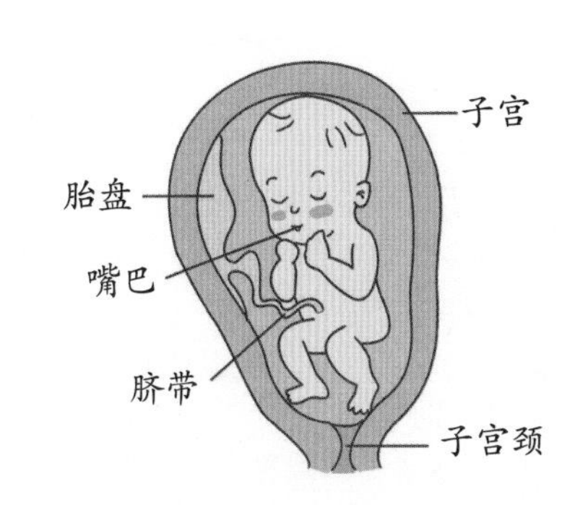

『怀孕第二十八周』

胎儿身体长约35厘米，体重约1150克。胎儿吞咽羊水时，其中少量的糖类可以被肠道吸收，再通过消化系统运送到大肠。下眼睑开始分开，开始练习视物和聚焦。胎儿的鼻孔已发育完成，神经系统进一步完善。

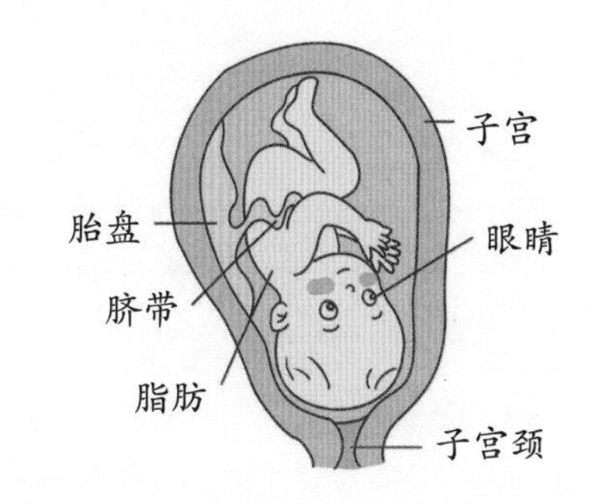

孕期生活守则

『孕妈妈容易患便秘』

怀孕后期最容易发生便秘，主要是因为孕期分泌大量的孕酮，孕酮可使子宫平滑肌松弛，同时也使大肠蠕动减弱。由于子宫不断增大，压迫到大肠，造成血液循环不良，因而减弱了排便的功能，造成便秘。另外，孕妈妈便秘的发生也与腹痛、运动不足、饮食习惯不良、精神压力大、睡眠质量低等因素有关。

『预防静脉曲张』

怀孕期间孕妈妈的下肢和外阴部静脉曲张是常见现象，静脉曲张往往随着怀孕月份的增加而逐渐加重。怀孕时子宫和卵巢的血容量增加，以致下肢静脉回流受到影响，增大的子宫压迫盆腔内静脉，阻碍下肢静脉血液回流。此外，如果孕妈妈久坐久站，势必加重阻碍下肢静脉血液回流，使静脉曲张更为严重。预防静脉曲张最好的方法就是要休息好，避免久站，只要孕妈妈注意平时不久坐久站，也不负重，就可避免下肢静脉曲张。如果已经出现静脉曲张，最好穿上孕妈妈专用减压弹力袜来促进血液循环，而且要经常由下向上按摩静脉曲张的部位。

『腹式呼吸』

进入孕晚期，胎儿发育越来越快，在孕妈妈体内的居住环境越来越拥挤，孕妈妈的耗氧量也明显增加，经常会感觉到呼吸困难，这时推荐孕妈妈采用腹式呼吸法。腹式呼吸法不仅能给胎儿输送新鲜的氧气，还能使孕妈妈保持镇静，消除疲劳与紧张感，对后期的分娩疼痛也有缓解的作用。

『控制饮食总热量』

孕晚期热量供应过多，体重增长过快就会增加妊娠期高血压疾病的发病率。因此，孕妈妈要注意体重增长的速度及范围，整个孕期体重增长以不超过 12 千克为宜。减少糖果、糕点、油炸食品、动物脂肪等高热量食物的摄入量。

『减少盐的摄入量』

过多摄入钠可引起水钠潴留而致血压升高，使孕妈妈患妊娠期高血压疾病的风险增高，因此，需要限制食盐的摄入量，每日摄盐量应控制在 2～4 克。同时还要避免食用含盐量高的食物，如调味剂、腌制食品、熏干制品等。如果孕妈妈习惯了较咸的口感，可以食用部分钾盐代替钠盐，这样能够在一定程度上改善烹调的口味。

语言胎教：
睡前故事“星星银圆”

今天给胎儿讲一个充满爱心的小故事，告诉胎儿在生活中要帮助需要帮助的人，要怀有一颗善良的心。

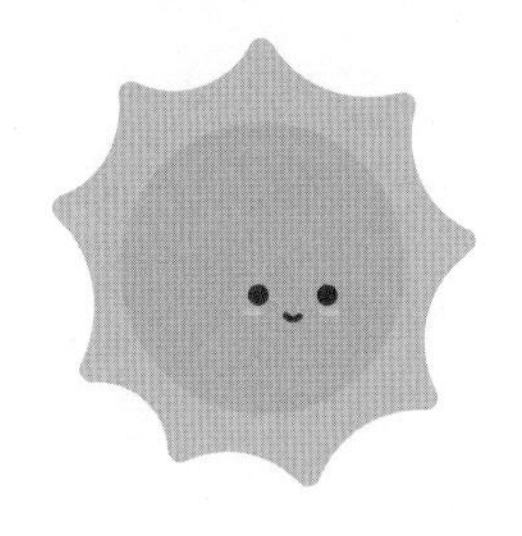

从前有个小女孩，她穷得没有地方住，除了身上穿的衣服和手里拿的一块面包外，什么也没有了，那面包也是好心人送的。她心地善良、待人诚恳，但她无依无靠，四处流浪。

一次她在野外遇见一位穷人，那人说：“行行好，给我点吃的，我饿极了。”小姑娘把手中的面包全部给了他。往前走了没多久，她又遇到了一个小男孩，小男孩哭着哀求道：“我好冷，给我点东西遮一遮好吗？”小女孩听了，取下了自己的帽子递给他。她又走了一会儿，看见一个孩子没穿罩衫，在风中冷得直发抖，她脱下了自己的罩衫给了他。再走一会儿，又有一个小女孩在乞求一件褂子，她把自己的褂子给了她。

最后，她来到了一片森林，这时天色渐渐暗了下来。小女孩走着走着又遇到了一个孩子，请求她施舍一件汗衫，这个善良的小女孩心想：天黑了，没有人看我，我完全可以不要汗衫。于是就脱下了自己的汗衫给了这个孩子。她就这样站着，自己什么东西都没有了，突然有些东西从天上纷纷落了下来，原来是星星变成了硬邦邦、亮晶晶的银圆。虽然她刚才把汗衫给了别人，现在身上却神奇地多了一件崭新的亚麻做的汗衫，小女孩把银圆捡起来，终生不再缺钱用了。

本月孕期营养

1

『补充卵磷脂』

卵磷脂能保证脑组织的健康发育，是非常重要的益智营养素。若孕期缺乏卵磷脂，就会影响胎儿大脑的正常发育，孕妈妈也会出现心理紧张、头昏、头痛等不适症状。含卵磷脂多的食物有大豆、蛋黄、坚果、谷类、动物肝脏等。

2

『给足钙和磷』

胎儿牙齿的钙化速度在孕晚期增快，到出生时全部乳牙都在牙床内形成了，第一颗恒牙也已钙化。如果此阶段饮食中钙、磷供给不足，就会影响今后宝宝牙齿的萌出。所以孕妈妈要多吃含钙、磷的食物。富含钙的食物有牛奶、蛋黄、海带、虾皮、银耳、大豆等；富含磷的食物有动物瘦肉、肝脏、奶类、蛋黄、虾皮、大豆、花生仁等。

3

『孕晚期铁元素至关重要』

胎儿在最后的 3 个月储铁量最多，足够出生后 3 ~ 4 个月造血的需要。如果此时储铁不足，在婴儿期很容易发生贫血。

吃什么，怎么吃

1

『饮食要以量少、丰富为主』

一般采取少吃多餐的方式进餐，要适当控制进食量，特别是高蛋白、高脂肪食物，如果此时不加限制，过多地摄入这类食物，会使胎儿生长过大，给分娩带来一定困难。

2

『饮食的调味宜清淡』

脂肪性食物里胆固醇含量较高，过多的胆固醇在血液里沉积，会使血液的黏稠度急剧升高，血压也会升高，严重的还会出现高血压、脑部疾病，如脑出血等，所以饮食的调味宜清淡些，少吃过咸的食物。

『应选体积小的食物』

避免吃体积大的食物，以减轻胃部的胀满感。特别应摄入足量的钙，孕妈妈在吃含钙丰富的食物时，也应注意维生素的摄入。

妈咪的心情日记

年　月　日

℃

怀孕第八个月

本月日常生活表

第 29 周	天气	心情记录
1 日		
2 日		
3 日		
4 日		
5 日		
6 日		
7 日		

第 30 周	天气	心情记录
1 日		
2 日		
3 日		
4 日		
5 日		
6 日		
7 日		

第 31 周	天气	心情记录
1 日		
2 日		
3 日		
4 日		
5 日		
6 日		
7 日		

第 32 周	天气	心情记录
1 日		
2 日		
3 日		
4 日		
5 日		
6 日		
7 日		

写给宝宝的话

I WANT TO SAY I REALLY LOVE YOU

从现在开始一定要每两周做一次检查。

『定期接受检查』

如果孕妈妈没什么健康问题，而且胎儿的发育也很正常，那么从怀孕 29 周开始，每两周就应接受一次定期检查。

『检查结果出现以下症状时怎么处理』

名称	方法
贫血	如果被确诊为贫血，就要更加认真地服用铁制剂。严重贫血时，服用量应该加倍。服用铁制剂前后 1 小时之内，要避免饮用阻碍铁质吸收的绿茶或红茶
水肿	出现水肿时，每天的盐分摄取量要减至 5 克以下。吃面时少喝面汤；制作沙拉时，用柠檬或食醋代替酱油；坚持适当的运动，以促进血液循环
高血压	对于高血压患者来说，最重要的是均衡的饮食和充分的休息。要借助饮食疗法减少盐和糖，以及脂肪的摄取量，降低热量摄取，多摄取优质的蛋白质
高血糖	在定期检查中被确诊有糖尿病症状时，就需要更加注意饮食习惯。米饭或面食等主食不必过分限制。蛋白质或脂肪的摄取非常重要，最好多吃新鲜鱼类和豆类。另外，要注意补充维生素和无机盐

妈咪的变化

『怀孕第二十九周』

孕妈妈会感到很容易疲劳，脚肿、痔疮、静脉曲张等症状也日趋明显。怀孕 8 个月是容易发生早产的时期，过于激烈的运动是引发早产的原因。妊娠期高血压疾病也往往开始有征兆。由于身体笨重，孕妈妈走路时身体后仰看不到脚下，易摔倒，因此，从本周开始孕妈妈要注意动作缓慢些。

『怀孕第三十周』

子宫上升压迫心脏和胃，引起心跳加速、气喘，或者感觉胃胀、食欲缺乏。孕妈妈还会感到身体沉重，行走不便，腰背及下肢酸痛。如果孕妈妈感到子宫收缩、腹痛或发胀，就要赶紧休息。这个时期容易患妊娠期高血压疾病，饮食上注意少放盐。睡眠要充足，抓紧一切时间休息，以保持充沛的精力。

『怀孕第三十一周』

孕妈妈乳晕、外阴的肤色进一步加深，子宫的上升使胃部受压，有时可出现饭后消化不良。心脏的负担明显加重，除腹部的妊娠纹已经相当明显外，有的人面部还出现皮肤黑斑或蝴蝶斑。此外，由于孕妈妈睡眠不足，这个阶段特别容易疲倦，行动越来越吃力，常感到呼吸困难，胃部不适。

『怀孕第三十二周』

子宫底已上升到横膈膜处，喘不上气来，吃下食物后也总是觉得胃里不舒服。不用着急，马上就要熬到头了，这些情况很快就会有所缓解。大约35周时，胎儿的头部将开始下降，进入骨盆，到达子宫颈，这是在为即将到来的分娩做准备。

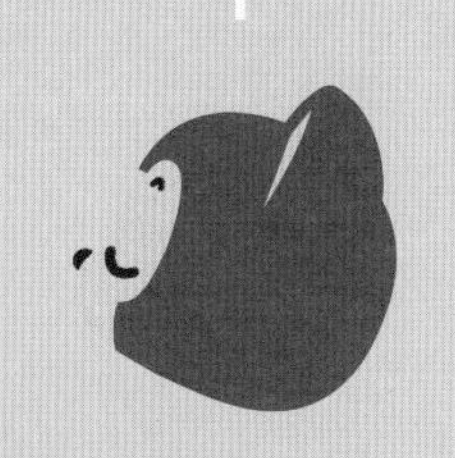

贴上自己
美美的孕照

胎儿的变化

『怀孕第二十九周』

胎儿体重已有 1 300 克，身长约 35 厘米。胎儿活动比较频繁，应该开始记录每一次有规律的胎动，有的胎儿会用小手、小脚在肚子里又打又踢，也有的胎儿相对比较安静，胎儿的性格在此时已有所显现。

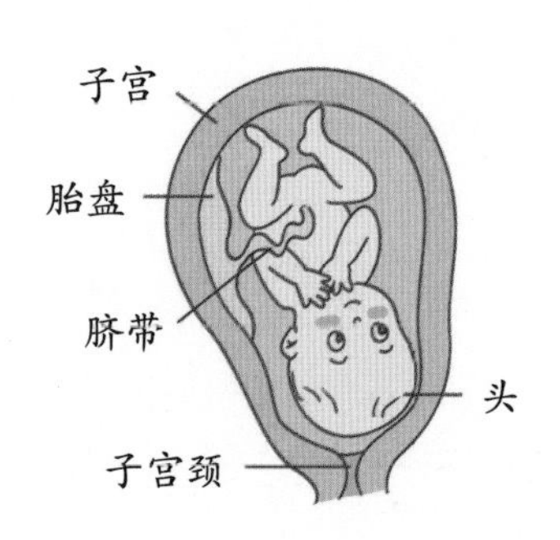

『怀孕第三十周』

胎儿体重大约 1450 克，身长约 38 厘米，胎儿的皮下脂肪已经初步形成，看上去比原来胖了一些。此时胎儿面部胎毛开始脱落，皮肤为深红色，有褶皱；以脑为主的神经系统及肺、胃、肾等脏器的发育近于成熟。但这时胎儿的呼吸功能、胃肠功能、肝脏功能及体温调节能力都较差，应当避免早产。

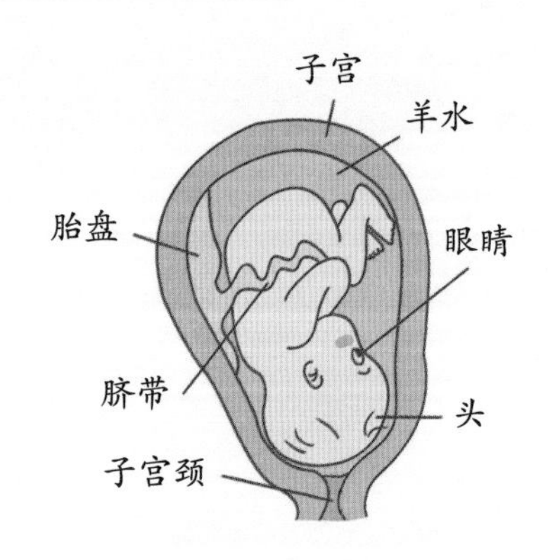

『怀孕第三十一周』

此周胎儿重 1 600 克左右，身长达 40 厘米，胎儿生长速度快，主要的器官已初步发育完毕。男性胎儿的睾丸还没有降下来，但女性胎儿的小阴唇、阴核已清楚凸起。神经系统进一步完善，胎动变得更加频繁而且多样，胎儿不仅会手舞足蹈，还能转身了。这个时期如果胎儿处于臀位也不必担心，因为胎儿还不是很大，能在羊水中灵活地转动。

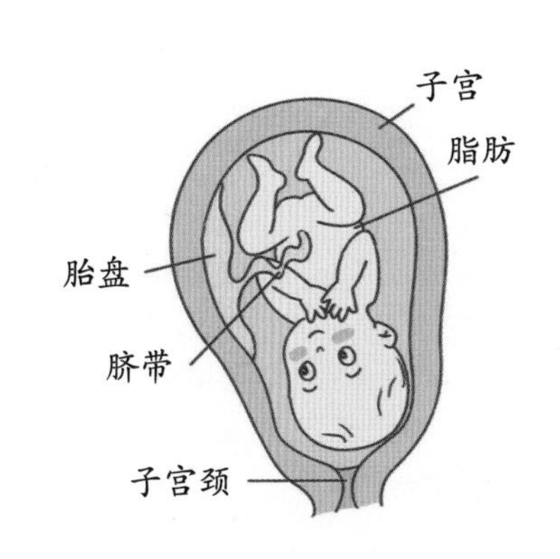

『怀孕第三十二周』

胎儿的体重约为 1 800 克，身长 42 厘米。这周胎儿的眼睛时开时闭，大概已经能看到子宫里面的景象。现在胎儿周围大约有 850 毫升的羊水，随着胎儿的增大，在子宫里的活动空间越来越小了，胎动也有所减少。

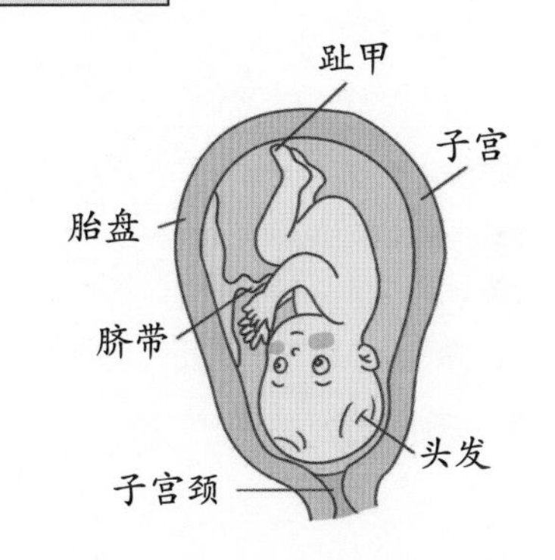

孕期生活守则

『注意仰卧位低血压』

孕妈妈在孕晚期常愿意仰卧，但长时间仰卧很容易出现心慌、气短、出汗、头晕等症状，这就是仰卧位低血压。如将仰卧位改为左侧卧或半卧位，这些现象将会消失。仰卧位低血压的发生不仅影响孕妈妈生理功能，对胎儿也有危害。心排血量减少，腹主动脉受压引起的子宫动脉压力减小，都直接关系着胎盘血液供应，使胎儿供氧不足，出现胎心或快或慢或不规律的现象，胎心监测可显示胎心率的动态变化。仰卧位低血压还会导致羊水污染、胎儿血液酸中毒变化等宫内窘迫的后果。因此，妊娠中晚期鼓励孕妈妈侧卧位休息。

『前置胎盘的预防』

前置胎盘最主要的表现是在孕晚期或临产时，发生无痛性阴道反复出血。如果处理不当，将会危及母子生命安全，需格外警惕。

为了预防前置胎盘的发生，孕妈妈应注意充分休息，并保证充足的营养。同时还应坚持产前检查，尽量少去拥挤的场所。可疑前置胎盘的孕妈妈要减少运动，保持大便通畅，禁止性生活。

『慎防视网膜脱落』

高度近视的孕妈妈应该避免剧烈的运动、震动和撞击，这些都容易导致视网膜脱落。当高度近视的孕妈妈在分娩过程中竭尽全力时，由于腹压升高，确实存在着视网膜脱落的危险。但并不是说孕妈妈高度近视就不能自然分娩，最好的办法是请医生来把关，根据眼底的具体情况决定是否能够自然分娩。

采用自然分娩的近视孕妈妈在生产的过程中不要过于用力。即使在分娩过程中发生视网膜脱落，孕妈妈也不要过于担心，经过手术可以恢复。

『孕妈妈要减少心理压力』

常常担心胎儿的健康，老是怀疑自己的怀孕症状有没有问题，看到相关的医学介绍，就会有莫名的紧张和害怕，夜晚睡觉时常常有失眠、多梦的症状。这些症状的产生，主要是因为孕妈妈心理压力过大。

当孕妈妈压力过大时，家人的支持就显得格外重要。只要家人多给予一些关心和帮助，就可使孕妈妈心情好转。

『准备住院用品 』

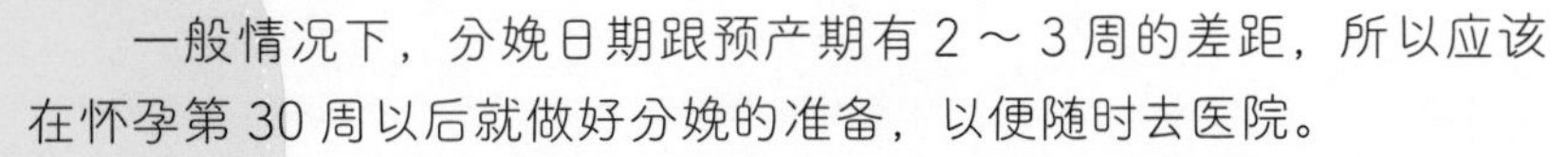

一般情况下，分娩日期跟预产期有 2 ～ 3 周的差距，所以应该在怀孕第 30 周以后就做好分娩的准备，以便随时去医院。

可以将住院时所需的孕妇用品、婴儿用品统统装入一个大旅行箱里，放在孕妈妈和家人都知道的地方。

自然分娩一般要住院 3 天，而剖宫产要住院 5 ～ 7 天，所以要悉数准备好这段时间所需的物品和出院时婴儿所需的物品。

与宝宝成长互动——哼唱一首儿歌

孕妈妈在孕期多进行音乐胎教
只要孕妈妈带着对胎儿深深的爱去唱
胎儿一定能感受到

一只小毛驴
我 有 一 只 小 毛 驴，我 从 来 都 不 骑，
有 一 天 我 心 血 来 潮 骑 着 去 赶 集，我
手 里 拿 着 小 皮 鞭，我 心 里 正 得 意，
不 知 怎 地 哗 啦 啦 啦，我 摔 了 一 身 泥。

本月孕期营养

1

『糖类不能少』

这个月，胎儿开始在肝脏和皮下储存糖原和脂肪，如果孕妈妈摄入的糖类不足，就易造成蛋白质缺乏或酮症酸中毒。因此，要及时补充足够的糖类，其摄入量为每日 350 ～ 450 克。全谷类、薯类中均含有糖类。

2

『多晒太阳，摄入充足的钙』

在孕晚期，由于胎儿的牙齿、骨骼钙化需要大量的钙，孕妈妈对钙的需求量明显增加。孕妈妈应多吃芝麻、海带、蛋、虾皮等富含钙质的食物。一般来说，孕晚期钙的供给量为每日 1200 毫克，是怀孕前的 1.5 倍。此外，还应多进行户外活动，多晒太阳。

3

『平衡补充各种维生素』

维生素对胎儿的健康发育起着重要的作用，孕妈妈应适量补充各种维生素。尤其是维生素 B_1，如果缺乏维生素 B_1，易引起呕吐、倦怠等不适症状，并易造成分娩时子宫收缩乏力，使产程延缓。

1

『喝点五谷豆浆』

豆浆具有很高的营养价值，一直是我国传统的养生佳品。而五谷豆浆综合了五谷的营养价值，非常适合孕期饮用。孕妈妈每天喝一杯五谷豆浆，可增强体质、美容养颜、稳定血糖，防止孕期贫血和妊娠期高血压等，可谓益处多多。

2

『吃些紫色蔬菜』

不同颜色的蔬菜含有不同的营养元素。蔬菜营养的高低遵循颜色由深到浅的规律：黑色 > 紫色 > 绿色 > 红色 > 黄色 > 白色。在同一种类的蔬菜中，深色品种比浅色品种更有营养。

紫色蔬菜包括紫茄子、紫甘蓝、紫洋葱、紫山药、紫扁豆等。这类蔬菜中含有花青素，能给人体带来多种益处，如增强血管弹性、改善循环系统、预防眼疲劳等。因此，孕妈妈应该多吃紫色蔬菜。

吃什么，怎么吃

MY BABY

IS COMING SOON

妈咪的心情日记

年　月　日

℃

怀孕第九个月

本月日常生活表

第 33 周	天气	心情记录
1 日		
2 日		
3 日		
4 日		
5 日		
6 日		
7 日		

第 34 周	天气	心情记录
1 日		
2 日		
3 日		
4 日		
5 日		
6 日		
7 日		

第 35 周	天气	心情记录
1 日		
2 日		
3 日		
4 日		
5 日		
6 日		
7 日		

第 36 周	天气	心情记录
1 日		
2 日		
3 日		
4 日		
5 日		
6 日		
7 日		

写给宝宝的话

妈咪的变化

『怀孕第三十三周』

此阶段孕妈妈会感到很疲劳，休息不好，行动更加不便，食欲因胃部不适也有所下降。因胎儿出生后吃奶的劲很大，容易咬伤妈妈的乳头，所以从现在起就要做好准备，每天要清洗擦拭，为以后哺乳做准备。

『怀孕第三十四周』

不少孕妈妈偶尔有轻微的子宫收缩感，这不是真正临产前的宫缩，不必在意。这时孕妈妈要注意休息，饮食应少量多餐，禁止性生活，以免早产和感染。孕妈妈对分娩的恐惧和身体的巨大变化使情绪变得不稳，离分娩只剩下一个月的时间了，孕妈妈应保持心态平和，保证睡眠充足。

『怀孕第三十五周』

胎儿的头部已降入骨盆，紧压在孕妈妈的子宫颈口，要小心活动，避免长时间站立。此外还要加大水分的摄入量，因为母体和胎儿都需要大量水分。即使腿脚肿得已经很厉害了，也不要限制喝水，但是如果手或脸突然肿起来，就一定要咨询医生。

『怀孕第三十六周』

孕妈妈此时会觉得腹坠腰酸，骨盆后部附近的肌肉和韧带变得麻木，甚至有一种牵拉式的疼痛，使行动变得更为艰难。怀孕 9 个月的孕妈妈必须时刻做好分娩准备，当出现产前迹象时即可入院；有异常情况，如羊膜早破、妊娠期高血压疾病、产前出血、胎动异常等，应立即住院。

本月最美孕照

胎儿的变化

『怀孕第三十三周』

胎儿的体重为 2000 克左右，身长达到 43 厘米。全身的皮下脂肪更加丰富，皱纹减少，除了肺部之外，其他器官的发育基本上都接近尾声。为了促进肺部发育，胎儿通过吞吐羊水的方法进行呼吸练习。现在胎动次数会比原来少，动作幅度也会减弱。

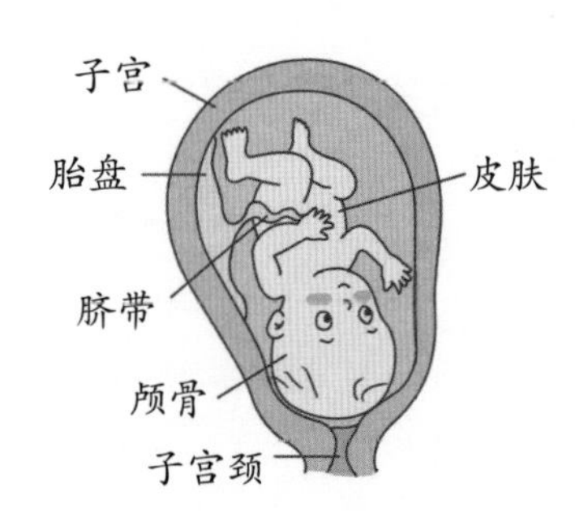

『怀孕第三十四周』

胎儿体重约 2300 克，身长约 44 厘米。皮下脂肪开始大幅增加，身体变得圆润。有的胎儿已长出了一头胎发，也有的头发稀少，前者并不意味着将来宝宝头发就一定浓密，后者也不意味着将来宝宝头发就一定稀疏，所以不必太在意。

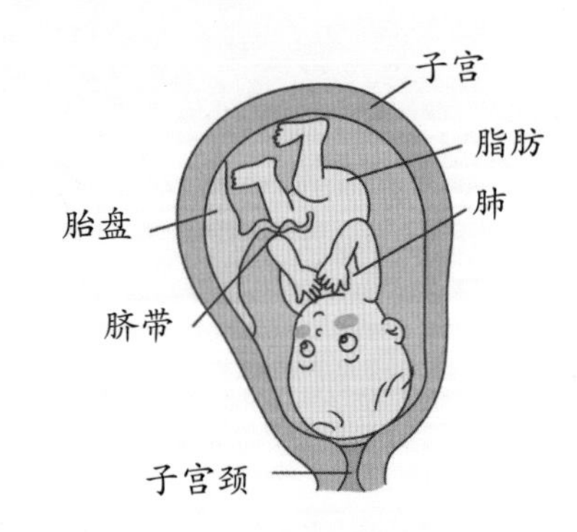

『怀孕第三十五周』

胎儿重 2 500 克左右，身长约 45 厘米。此时胎儿身体已经转为头位，头部进入骨盆。这时候应该时刻关注胎儿的位置，胎位是否正常直接关系到是否能正常分娩。胎儿的头骨现在还很柔软，而且每块骨之间还留有空间，这是为了在分娩时头部能够顺利通过狭窄的产道。但胎儿身体其他部分的骨骼已经变得结实起来，到本周末，胎儿已没有自由活动的空间了。

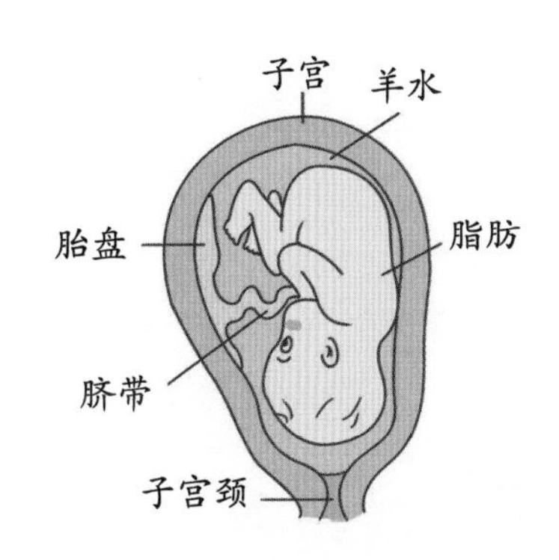

『怀孕第三十六周』

现在的胎儿大概 2 750 克重了，身长 46 厘米左右。此时胎儿肺脏和胃肠的功能也都很发达，已具备了呼吸能力，并有啼哭、吮吸和吞咽能力。胎儿若在这个时期出生，基本具备生存能力了。

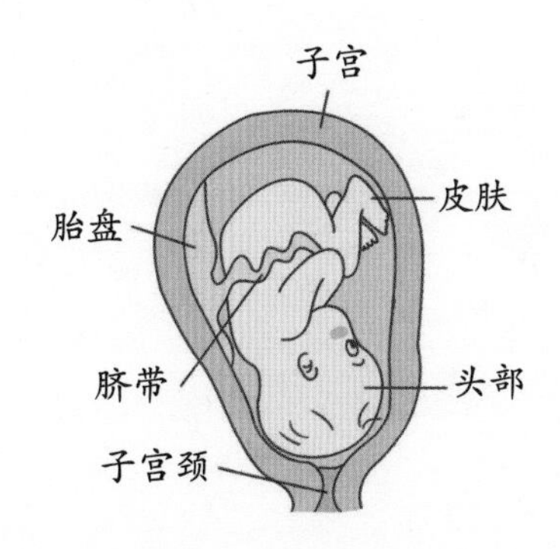

孕期生活守则

『听音乐做运动』

在做运动的过程中，可以准备一首轻松的背景音乐。对于活泼好动的胎儿，可多听一些舒缓优美的乐曲；对于文静少动的胎儿，则应多听一些明快轻松的音乐，并且不时和胎儿说话，夸奖他几句，观察他的反应。

『定时监测』

· 学会数胎动，胎动过多或过少时，应及时去医院检查。
· 羊水过多或过少、胎位不正，要做好产前检查。
· 通过胎心监测和超声检查等间接方法判断脐带的情况。
· 减少震动，最好采用左侧卧位睡眠姿势。
· 在家中可以每天使用两次家用胎心仪（多普勒胎心仪），定期检查胎儿情况，发现问题及时就诊。

『什么情况下要提前入院待产』

· 胎位不正，如臀位、横位等。
· 骨盆过小或畸形，或者估计胎儿过大，预计经阴道分娩有困难。
· 有内科疾病。
· 有异常妊娠、分娩史，如早产、死胎、难产等。
· 有过腹部手术，特别是子宫手术史，如子宫肌瘤切除术等。
· 临产前有过较多阴道流血或头痛、胸闷、晕厥等状况。
· 多胎妊娠。
· 年龄小于 20 岁，或者大于 35 岁的初产妇。
· 患妊娠期高血压疾病，羊水过多或过少。
· 胎动异常或胎儿电子监护有异常反应。

『入院前的准备』

现金和医保卡	产妇自然分娩的费用在 2000 元左右，剖宫产费用在 5000 ～ 15000 元；如果有医保卡，要记得携带（具体费用以产妇所在地医院为准）
检查单据	携带 B 超、心电图等怀孕期间的全部检查单据，以便于医护人员了解孕妈妈的身体、胎盘功能及胎儿情况
证件	夫妻双方身份证、户口簿、结婚证及准生证等

与宝宝成长互动：给宝宝讲故事——《田螺姑娘》

从前，有个孤苦伶仃的青年农民，靠给地主种田为生，每天日出耕作，日落回家，辛勤劳动。一天，他在田里捡到一只特别大的田螺，心里很惊奇，也很高兴。农民把它带回家，放在水缸里，精心用水养着。

有一天，农民照例早上去地里劳动，回家却见到灶上有香喷喷的米饭，厨房里有美味可口的鱼肉蔬菜，茶壶里有烧开的热水，第二天回来又是这样。三天，四天……天天如此，那个农民决定要把事情弄清楚，一天鸡叫头遍，他像以往一样，扛着锄头下田去劳动，天一亮他匆匆赶回家，想看一看是哪一位好心人。他大老远就看到自家屋顶的烟囱已炊烟袅袅，他加快脚步，要亲眼看一下究竟是谁在烧火煮饭。可是当他蹑手蹑脚，贴近门缝往里看时，家里毫无动静，走进门，只见桌上饭菜飘香，灶中火仍在烧着，水在锅里沸腾，还没来得及舀起，只是热心的烧饭人不见了。

一天又过去了。农民又起了个大早，鸡叫下地，天没黑就往家里赶。家里的炊烟还未升起，他悄悄靠近篱笆墙，躲在暗处，全神贯注地看着屋里的一切。不一会儿，他终于看到一个年轻美丽的姑娘从水缸里缓缓走出，身上的衣裳并没有湿。姑娘移步到了灶前，开始烧火做菜煮饭。

年轻人看得真真切切，连忙飞快地跑进门，走到水缸边，一看，自己捡回的大田螺只剩下个空壳。他惊奇地拿着空壳看了又看，然后走到灶前，向正在烧火煮饭的年轻姑娘说道：“请问这位姑娘，您从什么地方来？为什么要帮我烧饭？”姑娘没想到他会在这个时候出现，大吃一惊，又听他盘问自己的来历，便不知如何是好。年轻姑娘想回到水缸中，却被挡住了去路。青年农民一再追问，年轻姑娘没有办法，只得把实情告诉了他，她就是田螺姑娘……

本月孕期营养

1

『加大钙的摄入量』

胎儿体内的钙一半以上都是在怀孕期最后2个月储存的，如果此时摄入的钙量不足，胎儿就会动用母体骨骼中的钙，这样容易导致孕妈妈发生下肢肌肉痉挛。富含钙质的食物有牛奶、虾皮、核桃、南瓜等。

2

『适当增加铁的摄入』

现在胎儿的肝脏以每天5毫克的速度储存铁，直到存储量达到540毫克。若母体铁的摄入量不足，就会影响胎儿体内铁的存储，出生后易患缺铁性贫血。动物肝脏、黑木耳、芝麻等食物含有丰富的铁质。

3

『膳食纤维不可少』

孕晚期很容易发生便秘。由于便秘，又可引发痔疮。为了缓解便秘带来的痛苦，孕妈妈应该注意摄取足够量的膳食纤维，以促进肠道蠕动。芹菜、胡萝卜、红薯、土豆、豆芽、菜花等各种新鲜蔬菜和水果都含有丰富的膳食纤维。

1

『做好饮食保健』

为了预防分娩时大出血，必须从这个时期开始摄取富含维生素 C 的食物，如橘子、紫菜、大白菜、菠菜等。尽量避免食用影响情绪的食物，如咖啡、茶、油炸食物等。产前不要再服用各类维生素制剂，以免引起代谢紊乱，尽量从食物中获取所需营养。

2

『重视食物的质量』

这个月，孕妈妈的食欲会有所增加。饮食的关键在于重视质量，而不是数量，没必要额外进食大量补品，可多食富含蛋白质、糖类等能量较高的食物，以保证充足的营养，为分娩储备能量。对于增重过多的孕妈妈，则要适当限制脂肪和糖类的摄入量，以利于分娩。

3

『为母乳做准备』

准备母乳喂养的孕妈妈应该从这个时期开始比平时多摄取 40 毫克左右的维生素，多食用大白菜、菠菜、生菜、橘子等食物。

吃什么，怎么吃

I LOVE YOU

年 月 日

℃

妈咪的心情日记

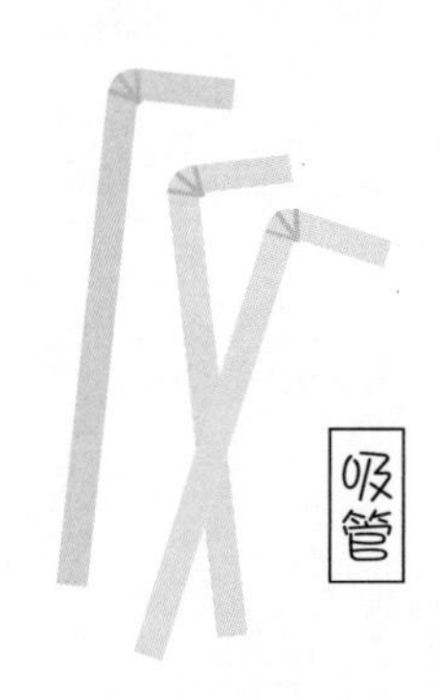

入院之前一定要做好准备

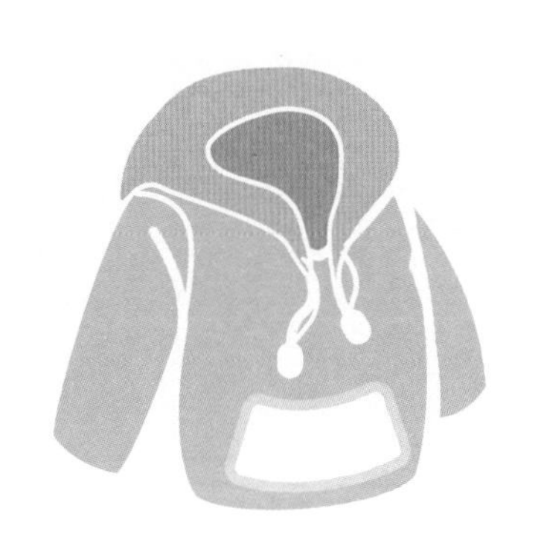

待产包准备

洗漱用品	牙刷、牙膏、毛巾、脸盆、水杯等
衣服及帽子	出院时穿戴
鞋子	分娩后方便穿脱，鞋底要防滑
收腹带	如果是剖宫产，为避免伤口疼痛，可以准备一条收腹带
吸管	方便饮水
内裤	带 3 ～ 4 条透气性好的纯棉内裤，因产后有血性分泌物，很容易弄脏内裤

卫生巾

哺乳文胸

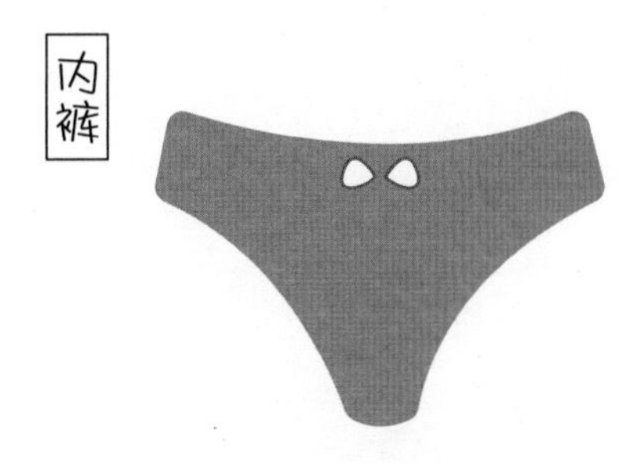

卫生巾	要选择产妇专用卫生巾
靠垫	靠在上面喂奶更舒服
哺乳衫	前开襟的衣服，方便喂奶
哺乳文胸	全棉无钢架设计，防止乳房下垂
乳垫	至少准备两对，以便换洗
小毛巾	在母乳喂养前后，用温开水清洁乳房及乳头

STEP 11

怀孕第十个月

本月日常生活表

第 37 周	天气	心情记录
1 日		
2 日		
3 日		
4 日		
5 日		
6 日		
7 日		

第 38 周	天气	心情记录
1 日		
2 日		
3 日		
4 日		
5 日		
6 日		
7 日		

第 39 周	天气	心情记录
1 日		
2 日		
3 日		
4 日		
5 日		
6 日		
7 日		

第 40 周	天气	心情记录
1 日		
2 日		
3 日		
4 日		
5 日		
6 日		
7 日		

写给宝宝的话

HELLO

LAST
MONTH

孕10月计划一览

『随时做好入院准备』

密切关注自己身体的变化，是否有临产征兆，同时熟悉产程，了解每一个阶段的身体变化，做到心中有数。

『检查入院物品』

参照入院物品清单，检查入院物品是否准备齐全。

『减轻紧张情绪』

可通过各种途径，如看视频、参观、咨询和交流，使孕妈妈提前熟悉分娩环境和医护人员，减轻入院分娩的紧张情绪。

『产前检查』

这一时期是最后的冲刺阶段，应每周检查一次，密切关注胎儿变化。对于平时出现的异常症状要详细告知医生，自己也要不断地收集关于分娩的各种资讯。

『选择分娩方式』

了解分娩，结合医生意见，选择适合自己的分娩方式。

分娩过程和辅助动作

<table>
<tr><th></th><th colspan="3">第一产程</th><th colspan="2">第二产程</th><th>第三产程</th></tr>
<tr><td>子宫口变化</td><td colspan="3">逐渐张开，直到全开（2～10厘米）</td><td colspan="2">开始能看到婴儿头部</td><td></td></tr>
<tr><td>子宫收缩进程</td><td colspan="3">规则收缩，每2～4分钟1次，持续45～60秒</td><td colspan="2">规则收缩，每1～2分钟1次，持续30～60秒</td><td>胎盘出来了，还有轻微收缩</td></tr>
<tr><td>呼吸方法</td><td colspan="3">腹式呼吸或胸式呼吸，子宫收缩剧烈时要增加呼吸频率，收缩减缓时，频率减慢</td><td>憋气使劲，深深吸气后，憋住气</td><td>发出fa、fa等声音来放松，也可以轻轻呼气</td><td>轻松地呼吸</td></tr>
<tr><td>辅助动作</td><td>不要慌张，吃易消化的食物。阵痛间隔为10分钟后再前往医院</td><td>阵痛强烈时可以通过按摩减轻痛感</td><td>口渴时要及时补充水分</td><td colspan="2">配合呼吸，放松大腿和臀部肌肉</td><td>妈妈及时给宝宝喂母乳</td></tr>
<tr><td>时间</td><td></td><td></td><td></td><td colspan="2">初次生育1～2小时，经产妇为30分钟～1小时</td><td>初次生育和经产妇均为5～30分钟</td></tr>
</table>

妈咪的变化

『怀孕第三十七周』

随着胎儿的入盆，宫顶位置下移，孕妈妈感到隆起的腹部有些下移了，胃部压迫感减轻，饭量有所增加，但下降的子宫压迫了膀胱，尿频会越来越严重。因胎儿大，羊水相对变少，腹壁紧绷而发硬，会时常有无规律的宫缩。这一时期孕妈妈一定要坚持每周一次产检，以便发现异常尽早处理。

『怀孕第三十八周』

产期临近，孕妈妈在喜悦、激动的同时，常会对胎儿及自身的安危产生不可名状的紧张。此时胎儿在腹中的位置不断下降，孕妈妈会觉得下腹坠胀，不规则的宫缩频率会增加。阴道分泌物会更多，要注意卫生。现在孕妈妈最重要的事情就是要保证足够的睡眠，随时迎接将要来临的分娩。

『怀孕第三十九周』

希望宝宝早日降生，又对分娩有些恐惧。现在孕妈妈应该充分休息，适当活动，关注自己的身体变化，若多次出现宫缩般的疼痛或出血，这就是早产的症状，应立刻到医院检查。

『怀孕第四十周』

受不断膨大的子宫压迫，孕妈妈心悸、气短、胸闷等症状更为明显，尿频、尿不尽感时常有之。孕妈妈此时要做好准备，迎接宝宝的出生，避免做向高处伸手或压迫腹部等对母体不利的动作，一旦出现“宫缩”“见红”，则为临产之兆，要迅速赶往医院。

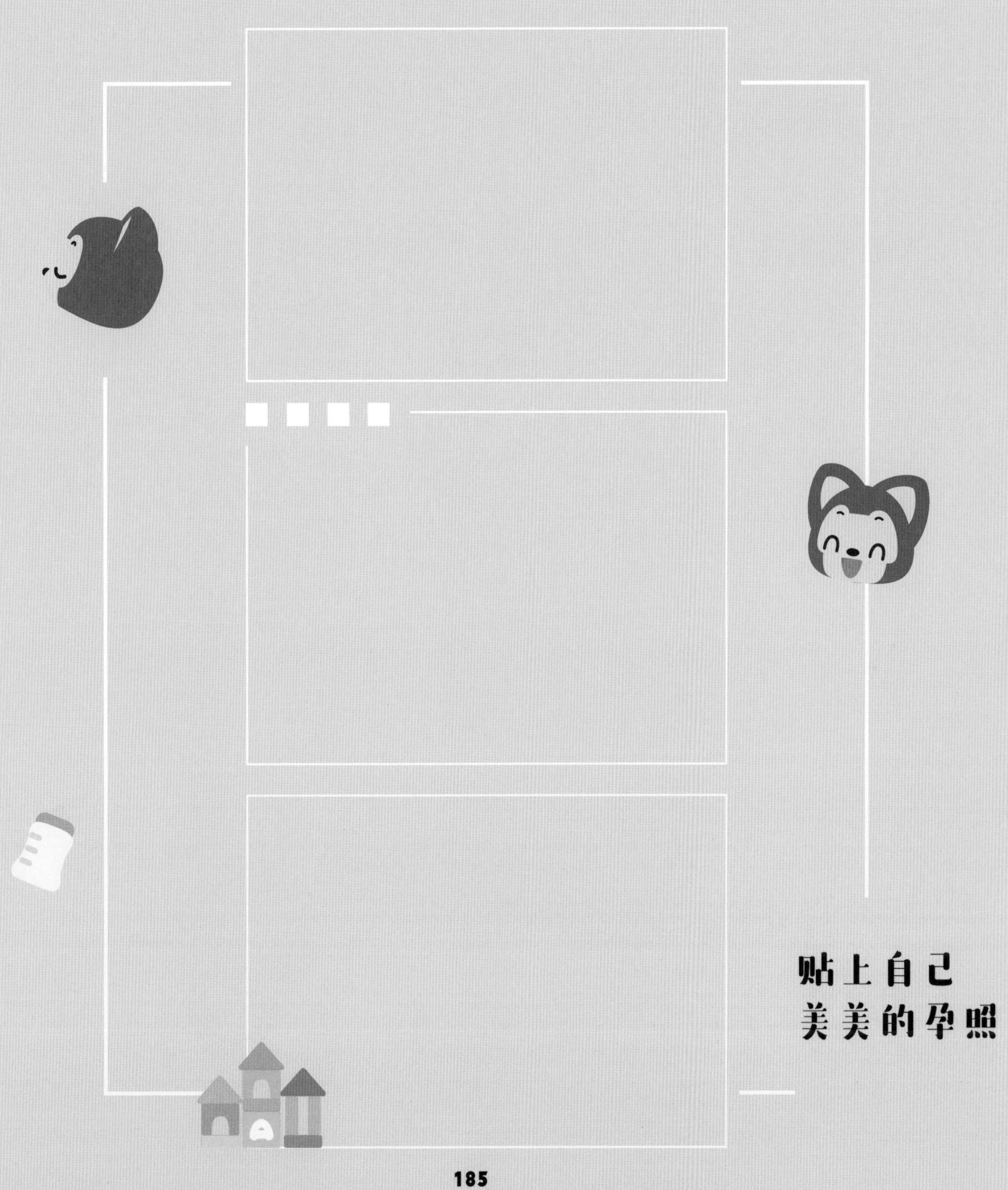
贴上自己
美美的孕照

胎儿的变化

『怀孕第三十七周』

胎儿体重约 2 900 克，身长约 47 厘米。覆盖胎儿全身的绒毛和在羊水中保护胎儿皮肤的胎脂正在开始脱落。胎儿现在会吞咽这些脱落的物质和其他分泌物了，它们将积聚在胎儿的肠道里，直到出生。这种黑色的混合物叫作胎便，它将成为胎儿出生后的第一次大便。

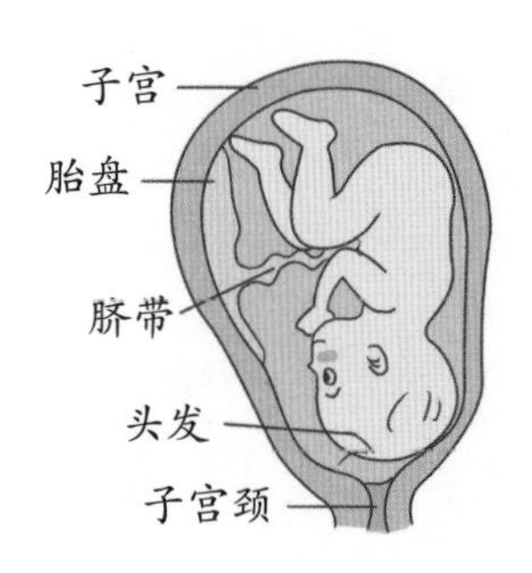

『怀孕第三十八周』

胎儿现在已经足月了，这意味着胎儿现在已经发育完全，为他在子宫外的生活做好了准备。胎儿现在大概重 3 000 克，身长约 50 厘米，胎儿的头部会朝向骨盆内的方向准备出生，孕妈妈的骨盆腔包围着胎儿，会很好地保护胎儿。

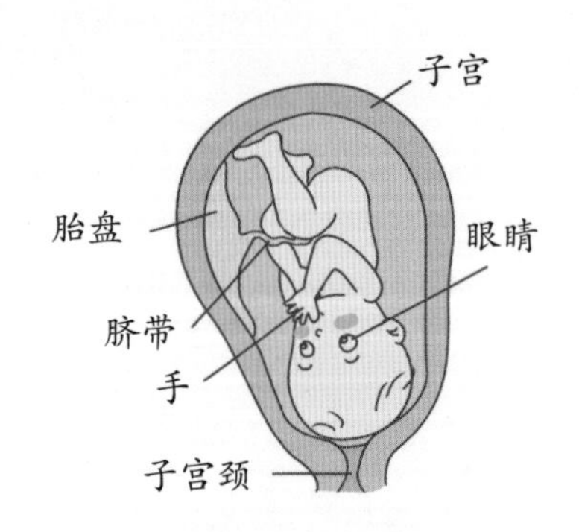

『怀孕第三十九周』

胎儿体重约为 3 300 克，器官已经完全发育，并各就其位。胎儿的肠道内容物由胎毛、色素等物质混合而成，一般情况下，在分娩过程中被排出，或者出生后几天内变成大便排泄到婴儿体外。

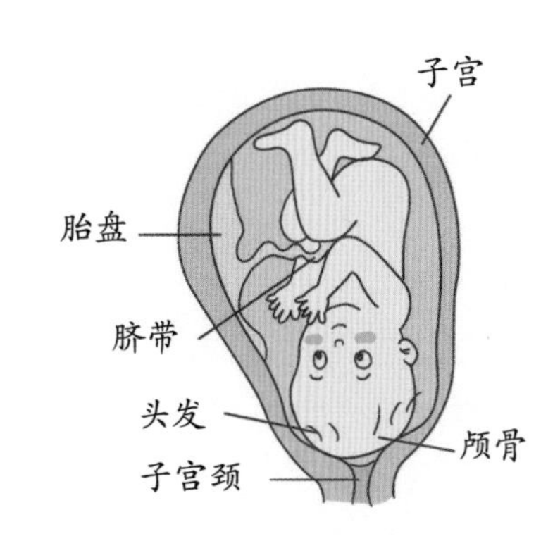

『怀孕第四十周』

大多数的胎儿都将在这一周出生，但真正能准确在预产期出生的婴儿只有 5%，提前两周或推迟一周都是正常的。如果推迟一周后还没有临产迹象，就需要采取催产等措施尽快分娩，否则胎儿过熟也会有危险。因为胎儿所处的羊水环境会因身体表面绒毛和胎脂的脱落变得浑浊，呈乳白色，而胎盘的功能也会逐渐退化，无法提供营养。

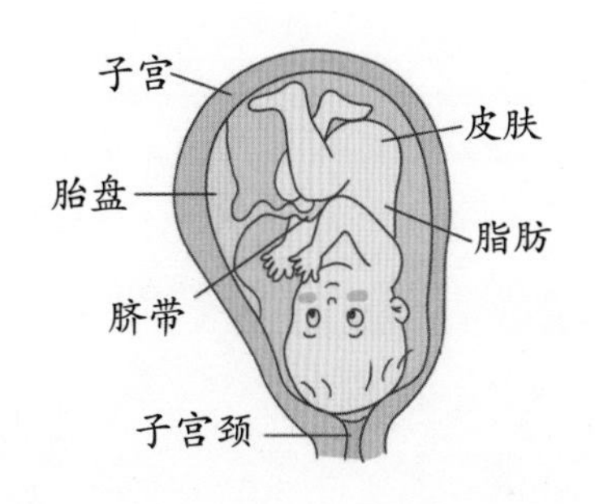

孕期生活守则

『临近分娩身边没有亲人怎么办』

如果临近分娩的时候身边没有家人，一定不要过于紧张，可以给家人打电话或提前住进医院。

『胎动异常时要马上去医院』

疼痛的时间间隔是：初产妇每隔 10 分钟阵痛一次，经产妇每隔 15 分钟阵痛一次。一旦阵痛的间隔在 10 ～ 15 分钟就要马上去医院，因为宫缩的间隔缩短了，分娩就接近了，孕妈妈需要及时检查。如果阵痛发生仅有 5 ～ 7 分钟的间隔，这时候要立刻把孕妈妈送往医院，因为马上要分娩了。

『保持适度的运动和休息』

临产时，若孕妈妈宫缩不强，未破膜，可在室内适量活动，这有助于促进产程进展。初产妇在宫口接近开全或经产妇宫口开至 4 厘米后，则应卧床待产，以左侧卧位为好。精神紧张及宫缩频繁的产妇，应做深呼吸，千万不可大喊大叫，以免消耗体力。

『羊水大量流出时要马上去医院』

当羊膜真正破裂的时候，羊水会“哗”地一下大量流出，这时应立刻与医院联系。此时，孕妈妈一定要尽快躺下，臀下垫高，避免脐带脱垂。

『在外出时突然要分娩怎么办』

即使进入了临产期，真正分娩的时间也是很难把握的，所以外出的时候必须带着自己的身份证、医保卡、纸巾、手机等必备品。

『按时排尿和排便』

临产时，产妇应每 2 ～ 4 小时排尿一次，以免膀胱充盈，影响子宫收缩及胎头下降。特别强调在第一产程早期要按时排解小便。这是因为第一产程早期占整个产程的时间最长，如果在此期间未按时解小便，到第一产程晚期，由于胎头下降压迫膀胱，造成排尿困难，常需通过导尿来排空膀胱，这样容易造成泌尿系统感染。

与宝宝成长互动：给宝宝朗诵冰心的诗

母亲

冰心

母亲呵！
天上的风雨来了，
鸟儿躲到它的巢里；
心中的风雨来了，
我只躲到你的怀里。

繁星

冰心

繁星闪烁着——
深蓝的天空，
何曾听得见他们对语？
沉默中，
微光里，
它们深深地互相颂赞了。

冰心原名谢婉莹，笔名冰心，取"一片冰心在玉壶"为意，是我国著名的诗人、作家、翻译家、儿童文学家。冰心的名言是"有了爱就有了一切"。她热爱生活，热爱美好的事物。她的纯真、善良、刚毅、勇敢和正直，使她在海内外读者中享有崇高的威望。她的作品大多也承载着"爱"。

纸船——寄母亲

冰心

我从不肯妄弃了一张纸，
总是留着——留着，
叠成一只一只很小的船儿，
从舟上抛下在海里。
有的被天风吹卷到舟中的窗里，
有的被海浪打湿，沾在船头上。
我仍是不灰心地每天叠着，
总希望有一只能流到我要它到的地方去。
母亲，倘若你梦中看见一只很小的白船儿，
不要惊讶它无端入梦。
这是你至爱的女儿含着泪叠的，
万水千山，
求它载着她的爱和悲哀归去。

本月孕期营养

1

『富含锌的食物』

锌能维持胎儿的健康发育，并帮助孕妈妈顺利分娩，而胎儿对锌的需求量在孕晚期达到最高。因此，孕妈妈需要多吃一些富含锌元素的食物，如瘦肉、紫菜、牡蛎、黄豆、核桃等，尤其是牡蛎，含锌量非常丰富。

2

『重点补充维生素 B_{12}』

维生素 B_{12} 是人体三大造血原料之一。若摄入量不足，会出现身体虚弱、精神抑郁等状况，还可能引起贫血。这种维生素几乎只存在于动物食品中，如牛肉、鸡肉、鱼、牛奶、鸡蛋等。

3

『维生素K可防止分娩时大出血』

维生素K经肠道吸收，在肝脏产生凝血酶原，有很好的止血作用。孕妈妈在预产期的前一个月应有意识地从食物中摄取维生素K，可在分娩时防止大出血，也可预防新生儿因缺乏维生素K而引起的颅内、消化道出血等。富含维生素K的食物有菜花、白菜、菠菜、莴笋、干酪、肝脏、谷类等。

1 『吃容易消化的食物』

孕期最后一个月，不要吃油性大的食物，要吃一些易消化吸收的食物，如面条、鸡蛋汤、牛奶、酸奶、巧克力等。孕妈妈要吃饱吃好，这样才能为分娩储备足够的能量。

2 『如何根据产程安排饮食』

第一产程：在整个分娩过程中所占的时间最长。虽然阵痛会影响正常进食，但为了保证体力，孕妈妈应吃些蛋糕、稀饭、软面条等柔软、清淡且易消化的食物，应多次进食，每次不宜太多，注意摄入足量水分。

第二产程：孕妈妈可喝些糖水、果汁、菜汤、牛奶、藕粉等，以补充能量。这个阶段，鼓励孕妈妈吃一些高热量的流食或半流食。

第三产程：通常时间较短，不必勉强进食。若出现产程延长的现象，应给孕妈妈喝些糖水、果汁。

吃什么，怎么吃

妈咪的心情日记

年　月　日	
	℃

『避免剧烈运动』

在孕 36 周后严禁性生活，性生活易发生宫腔感染和羊膜早破。此时子宫已过度膨胀，宫腔内压力已较高，子宫口开始渐渐变短，孕妈妈负担也在加重，会出现水肿、静脉曲张、心慌、胸闷等现象。这段时间可以经常散散步，或者做一些适合于自然分娩的辅助体操，避免进行剧烈的运动。

产前小知识

『消除产前的紧张情绪』

如果对分娩感到紧张，可以在家人的陪同下到准备分娩的医院去熟悉环境。在家人协助下把入院所需的东西准备好，以免临产时手忙脚乱。休息时，做些清闲的事，慢慢地做松弛训练，听听柔和的音乐，看看书或杂志，或者为小婴儿准备些东西。在平和的心态下，静静等待宝宝的降临。

分娩计划一览表

分娩计划	执行方案	备注
最后检查	检查孕妈妈健康状况 检查胎儿发育情况 重新计算预产期	预防宝宝迟到
选择分娩方式	了解分娩方式 了解分娩过程 咨询医生	在听从医生建议的情况下 尽量选择自然分娩
放松心情	重新温习呼吸运动 多与亲友沟通 向丈夫倾诉心中的不安	以愉悦的心情迎接宝宝
准备分娩	对阵痛做好心理准备 摄取适当的营养，储备体力 运用有效缓解阵痛的方法	如果可能，尽量选择有家人 陪伴的分娩方式
迎接新生儿	了解新生儿的健康标准 确认婴儿用品	
24 小时内 新妈妈的调养	关注新妈妈情况变化 保持充分休息，适当补充营养 可以开始轻微运动，恢复体力 及早排尿 适时坐起或下床	
24 小时内 新生儿的护理	应急处理 注射疫苗（卡介苗、乙肝疫苗） 健康检查 第一次哺乳	

宝宝出生啦

宝宝的模样

宝宝看上去长得像：爸爸 □ 妈妈 □

爸爸的祝福：……………………………………

妈妈的祝福：……………………………………

宝宝的脚印

漫漫人生路，
我踏过的是否是你的脚印，
青春的纪念册上，
又是否会绽放爱的光芒……

出生档案

宝宝的名字：________________________

谁为宝宝取的名字：__________________

宝宝名字的寓意：____________________

宝宝的出生时间：公历 ______ 年 _____ 月 _____ 日 ____ 时 ____ 分
农历 ______ 年 _____ 月 _____ 日

出生地点：__________________________

身长：_____ cm　体重：_____ g

头围：_____ cm　血型：_____

属相：_____

百天照片

宝贝，
你来到这个世界上已经100天了，相信你已经感受到爸爸妈妈的爱，愿你平安健康、快乐成长……

写给孕妈妈的话：

希望这本孕期手账能够带给你帮助，陪伴你十月的孕程。开心与不开心都可以在这里记录，每天的期待与难熬也许让你非常无奈，但这是每位妈妈的必经之路，度过了这十个月你收获的将是喜悦。有了自己的孩子，你会每天盼着他长大，盼着他变高，希望他健康，他快乐的生活将是你最大的心愿，这就是作为母亲的伟大，你也将是一位伟大的母亲。

我们希望每位妈妈都能够顺利的生产，每位宝宝都能够健康的出生。早晨的阳光与傍晚的夕阳一样美好，愿幸福胜于昨日而略逊明朝。